園芸「コツ」の科学
植物栽培の「なぜ」がわかる

園藝の趣味科學

超過300張示範圖，第一次種植就成功的全方位養護栽種指南

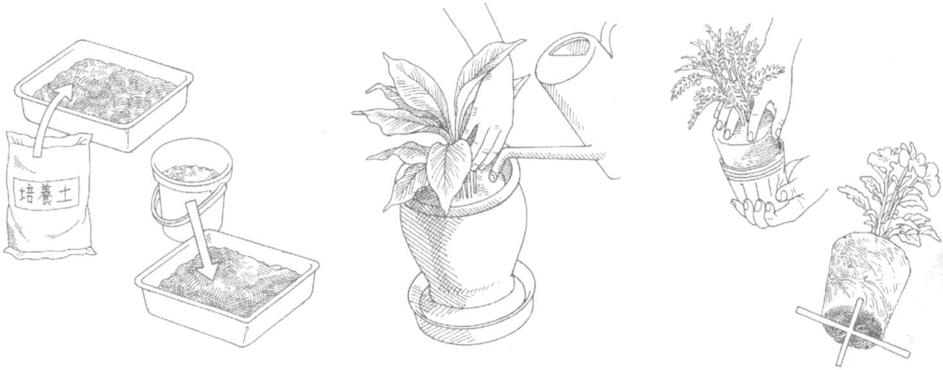

上田善弘 著
Yoshihiro Ueda

學會澆水需要花費三年時間，為什麼？

不論是哪一個領域，皆有相傳的祕方，在園藝的世界裡亦不例外，有栽種的祕訣流傳著。從業餘園藝玩家、栽種職人到專業農家的角度來看，不多贅言解釋，「這樣做就對了」、「不這樣不行」，這就是所謂的「訣竅」。

一旦問起這些方法「為什麼好？」、「為什麼不好？」、「其理由或科學根據為何？」，我想大多數的人都無法具體回答。舉例來說，常言「澆水三年功」，只是學習簡單的澆水卻需要花上三年的時間，不覺得很不可思議嗎？

其實在專業的園藝栽培農場裡，園主絕對不會將澆水的工作交給實習生，**雖然澆水是植物栽培中最基礎的一環，但也是極為重要又困難的工作**。本書列舉了許多關於澆水的技巧與要訣，詳細內容可參閱八十二頁。

所謂的「園藝達人」，即初學者不懂的訣竅，對他們來說卻像呼吸般自然簡單。藉由瞭解這些「種植的祕訣」，理解栽種時每一個步驟的意義，使自己更能掌握種植關鍵，樂於園藝工作。

本書以詳盡的文字解說，配合插畫及圖片，將這些「園藝祕訣」整理成一本簡明易懂的「園丁知識庫」，讓每一位喜愛栽種的朋友，都能成為「園藝達人」。

在執筆本書時，一邊想著出版社為什麼會選上我、也許有其他更適合的人選，就這麼想的同時，也完成了這本書。書中內容有些並非是我擅長的領域，有些則是藉由長年在園藝界打滾的經驗，又重新學習的部分。這本書花了一年以上的時間撰寫，多虧編輯的勉勵及鞭策才得以完成，希望讀者將它當作隨身書，在閱讀中感受種植的樂趣。

上田善弘

二〇一三年十一月

CONTENTS 目錄

※各標題下方的圖示標記，分別代表其主題與花草、樹木相關。
※書中種植時期依日本氣候推估，台灣需斟酌延後。

Chapter 1

優質土壤的選擇

土壤是孕育植物的溫床，
若能給予合適的土壤環境，可以讓植物長得好、長得快，
更可以開出美麗的花朵、結出豐碩的果實。

植物的根會呼吸，如何選擇合適的土壤？

花草 樹木

要訣 **選擇具「團粒結構」的土壤，讓植物根系得到良好的呼吸空間。**

土壤的主要功能為：**❶支撐植物、❷讓根系獲得伸展、❸幫助植物順利生長、❹供給植物開花結果的養分。**此外，土壤需具有良好的養分，即使沒有時常供給液態肥料或追肥，也足以供給植物之所需。**具有保水性、排水性的土壤，可帶來乾濕合宜的土壤環境，讓根系得以健康呼吸，是選擇土壤時的重要關鍵**。

植物的根系是會呼吸的，由根部表面的細胞（表皮細胞）直接吸取土壤縫隙中的氧氣，所以好的土壤中必須要有適量的空氣（氧氣），讓根部得以呼吸。

如果土壤的排水性不佳，根系長時間地浸泡在水中時，就會因缺氧而產生窒息情形，長期下來會使根部腐壞、受傷變黑而後枯死。為了避免根部缺氧，需讓土壤裡的空氣保有良好的流通空間。

挑選土壤時，還需選擇具有一定程度大小的顆粒，**像小丸子般的團粒結構土壤最為理想**。若土壤的顆粒過小，土壤間的空隙也會變小，容易造成根系生長與呼吸空間不足。當顆粒大小合宜時，水分就能順利排出，減少積水情形，即能避免造成根部窒息。

團粒結構的每一顆土壤粒子都擁有吸附肥料的能力，表裡皆帶有肥料成分，植物會先從表面吸取所需養分，當表面養分不足時，便可轉而向團粒結構中索取養分，這都得歸功於團粒化的土壤，因其擁有儲存肥料之能力。

這種土壤保持養分的能力又稱為「鹽基置換容量」，保肥能力越高，其容量也就越多。「鹽基置換容量」依不同種類的土壤也有所不同，而團粒結構的土壤則是容量多的土。此外，**團粒也有保持水分的能力（保水性）**，即便突然發生乾旱，也能暫時提供植物所需的水分。

總而言之，**讓根部擁有適度的呼吸空間，及提供所需之養分的土壤，是栽種植物時最理想的選擇，**幫助植物順利地孕育生長。

團粒結構培養土的特性

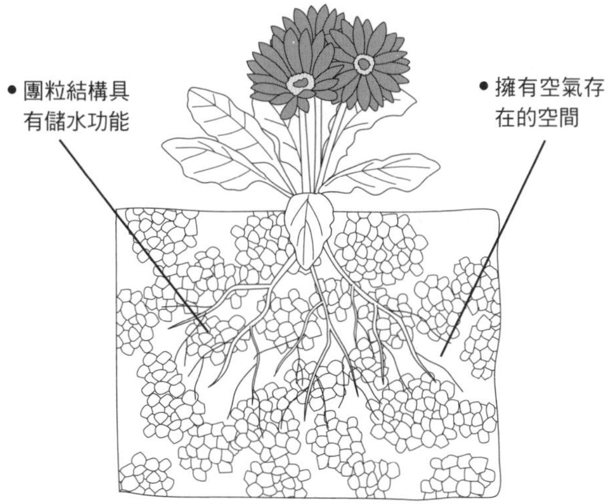

「團粒結構」的土壤，有助於植物生長？

花草
樹木

要訣
團粒結構土壤具有「通氣性」、「排水性」、「保水性」、「保肥性」四大要素，能讓根部得以健康生長。

若仔細觀察土壤的結構，可以發現其中包含了土壤粒子、水分、空氣，亦稱土壤三相（固相、液相、氣相）。由於植物的根部需要呼吸，所以提供根部與空氣接觸的空間尤其重要。

土壤的團粒結構是由許多小土粒黏結而成，有如小丸子般的構造。這種團粒結構的土壤，不僅團粒間有足夠的空隙讓空氣流通、根部得以呼吸，團粒的表裡也能保有多數的養分。土壤能夠成形為團粒結構，首先需要的就是將小土粒們結合在一起的膠體，**而扮演膠體角色的就是腐葉土及堆肥等有機質**。要做出適合根部、具有良好的呼吸空間、鬆軟的培養土，應將一些有機質翻混拌入土中。

使用有機質時，必須選擇已熟成的堆肥及腐葉土。若尚未熟成，可能反而會導致土壤吸取植物養分。尚未處理過之廚餘等更不可直接使用。有機質可以促進土壤中有益微生物的活化，並豐富微生物種類，當種類多樣化時，更可以抑制有害微生物之活動，保護植物免於遭遇病害。此外，若不小心放入濃度過高的肥料，藉由有機質的緩衝，可達到抑制肥傷的作用。

團粒結構的聚合情形

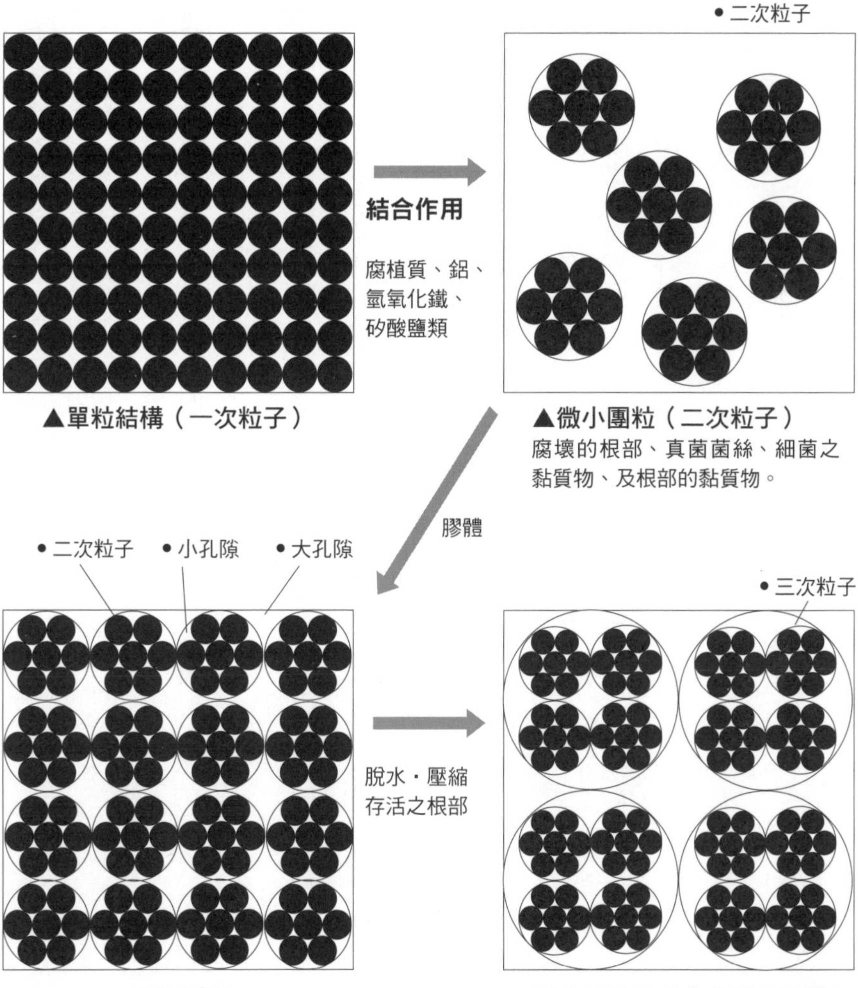
結合作用
腐植質、鋁、
氫氧化鐵、
矽酸鹽類
• 二次粒子
腐壞的根部、真菌菌絲、細菌之
黏質物、及根部的黏質物。
膠體
• 二次粒子
• 小孔隙
• 大孔隙
脫水・壓縮
存活之根部
• 三次粒子

▲單粒結構（一次粒子）

▲微小團粒（二次粒子）

▲團粒構造

▲耐水性粒子（高次團粒結構）

為什麼需要定期翻耕土壤？

要訣 **定期翻耕可將新鮮空氣帶入土壤，並活化微生物。**

植物經過一段時間的生長後，會逐漸破壞土壤中的團粒結構，因此在前項植物栽種結束後，準備著手種植下一個植物之前，必須先讓土壤獲得再生力。**若希望土壤能再生使用，首先需進行「翻耕土壤」的步驟**。經由將下層的土壤向上翻，上層的土壤向下翻（俗稱「天地翻」）的步驟，讓空氣充分地送達至下層的土壤中。

將空氣送入土壤，可讓原本處於窒息狀態的微生物開始活躍地活動，此時再加入新的堆肥及腐葉土等有機質，微生物便會開始分解這些有機質，變成適合孕育植物的土壤。翻耕作業不僅於栽種的前後施作，在種植期間，或是植栽週圍的土壤有變硬的情形時，都必須經常翻動。經由翻耕的過程，可讓新長出的根系得以延伸得更廣。

大面積花園的整土方法

▲若花園的面積較大，在進行翻耕工作前，先劃分出一定大小的面積區塊，便能更有效率的進行。此外，翻土過程中同時加入適量的腐葉土、堆肥及苦土石灰等，可以製造出更適合栽種的培養土。

花草
樹木

Column

藉由翻耕作業，讓土壤呼吸空氣

花草
樹木

整土的祕訣在於「天地翻」，看似微不足道的小動作，就能讓土壤復甦。

翻耕土壤的方式有很多種，若是農田通常會在栽種作物後的休耕期，進行土壤「天地翻」的工作，讓土壤能夠活化再生。如同字面之意，「天地翻」就是將上面（表層）的土壤翻向下層（底層），下層的土壤翻向上層。

不使用機械設備的農家，通常會使用鋤頭掘土，讓空氣能夠進入到土壤的下層，而掘起來的土則以塊狀的方式堆放在表層。其他一般的田地也可以使用鏟子，將下層的土翻至表層、表層的土翻至下層，重複進行此動作，藉由上下翻混的工作，讓休耕田地的土壤帶入新的空氣。

經由翻土的工作，原本在上層或土中的雜草種子會被帶至下層，所以下次栽種作物時，雜草也會變得比較少。此外，也可以讓表層的土與下層病蟲害較少的乾淨土壤更換。

若能在一定的期間進行翻土，讓空氣穿透土壤，便可讓原本疲乏的土壤轉變成富含空氣、提高通氣性及排水性的土壤。

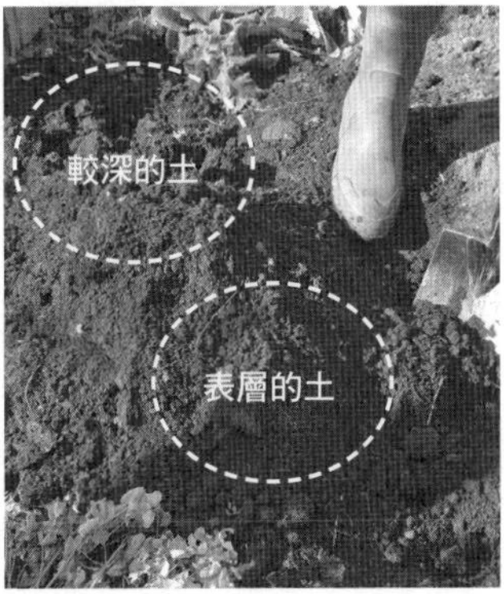

▲花園或田地大多是在嚴冬季節進行天地翻的工作。表層的土壤和下層的土壤挖出後應分開放置於不同的區域。

種植過的舊土，能重新再利用嗎？

花草
樹木

要訣 舊土需進行改良，才能再度使用。

庭園裡的植物經過一段時間的栽種，歷經了開花、凋零的過程後，下次想再栽種新的植物時，應該將舊土壤重新改良再使用，才能讓植物健全地生長，綻放出美麗的花朵。

若沒有進行土壤改良，便直接栽種新的植物時，容易帶來許多負面影響。例如，土壤中殘留上一個植物所感染的病蟲害，或前作物已經將土壤的養分吸盡等原因，造成土壤缺乏養分，因此，重新改良土壤是不可或缺的工作。**前作物對下一作物造成不好的影響，其主要原因大多為病蟲害或缺乏養分所導致**，此狀況我們一般稱之為的「忌地現象」或「連作障礙」。

此外，若持續栽培同一種作物，由於所需的養分相同，所以土壤中通常會特別缺乏某些養分。而且，原本侵害前作物的病蟲也會繼續留下來，附在其所偏好的相同植物上，導致「忌地」或「連作障礙」。因此，**若能栽種不同科的植物，便可除去前作物所留下的遺毒**。

欲於休耕後的土地或新的農地進行栽種時，若發現土壤變硬、酸鹼度不適合時，應施用石灰調整其酸鹼度，並加入堆肥或腐葉土等有機質重新改造土壤。砂質土壤雖然排水性佳，但肥料也較容易流失，應定期分次補充肥料；相對地，黏質土的保肥性雖佳，但排水性卻不良。若直接使用此兩種土壤進行栽種，皆不利於植物的生長。

「連作障礙」導致的病蟲害（番茄植株）

＊莖部的症狀
〔青枯病〕土壤中的細菌侵入根部並阻塞導管，造成植株快速凋萎卻保持綠色。
＊葉片的症狀
〔葉片萎縮〕土壤中的細菌侵入根部，導致葉子萎縮變黃，而後枯死。
＊根部的症狀
〔根瘤線蟲〕小蟲寄生於植物根部，使根部分化成腫瘤狀。

土壤每年都要加入石灰，為什麼？

花草 樹木

要訣 石灰可調整土壤的酸鹼值，有利於植物的生長。

土壤可以分為酸性和鹼性兩大類，依pH值（氫離子濃度指數）0～14作為衡量標準，pH值低於7為酸性，大於7則為鹼性。依不同的岩石、植物本身特性，及不同環境下的土壤生成過程（降雨、日照、溫度等），土壤的pH值也會有所不同。

由於日本降雨量多，植物種類豐富、擁有肥沃的腐植質，所以土壤多半界於弱酸性到酸性之間。相對地，歐洲的降雨量較日本少，土壤則以弱鹼性為主。因此，若欲將喜好弱酸性土壤的歐洲當地植物帶回日本栽種，就必須將土壤改良為弱鹼性，才能使其順利生長。

若是栽種菠菜、洋桔梗等喜好弱鹼性土壤的植物，應至少於栽種的前兩周施用石灰（白雲石灰則為四至五日前）。上述栽種植物經過一年後，因日本多雨氣候會逐漸將土壤恢復成為原來的酸性，所以翌年栽種這些植物之前，必須再次施用石灰。

由於每次都施用大量的石灰，**建議可以市售的測試紙檢測土壤的pH值，若發現土壤呈鹼性，即需控制石灰的施用量**。

原產於歐洲及地中海沿岸，喜好弱酸性土壤的植物

▲斗蓬草

▲桃葉風鈴草

▲鈴蘭

▲菠菜

▲丁香

▲毛地黃

其他：葉薊、白頭翁、斗蓬草、滿天星、新風輪草、金魚草、金盞花、聖誕玫瑰、天竺葵、毛地黃、仙客來、水仙、鈴蘭、卷耳、飛燕草、洋桔梗、菠菜、桃葉風鈴草、丁香、勿忘草等。

苦土石灰＆熟石灰（消石灰）

石灰可大略分為苦土石灰與熟石灰兩大類。通常在栽種花草時，較常使用鹼性較弱的苦土石灰；農田則較常使用熟石灰。

◇苦土石灰

鹼度50%以上，內含苦土（鎂），又叫做「鎂鈣肥」。若為栽種種子或幼苗時，於4～5日前施用即可。

◇熟石灰

鹼度65%以上，內含鈣，使用量約為苦土石灰的80%。若用量過多，容易造成土壤變硬，使根部無法伸展。栽種種子時，至少需於兩周前施灑。

為何每年都要施肥？

花草
樹木

要訣▼每年於晚秋至冬季期間，將腐葉土或堆肥加入土壤中，有利開花。

施用有機肥料最大的效用，在於可以改善土壤的「化學性」及「物理性」。有機質除了可做為肥料、提供養分及中和pH值（提升化學性）外，**最大的優點在於促進土壤的團粒化作用**（參見第十頁），因其具有黏接土壤粒子的功能（提升物理性）。常見的有機肥料，可分為以下幾類：

❶**腐葉土**▼腐葉土為發酵完成的闊葉樹落葉，其通氣性、保水性及保肥性佳，且微生物的活動力高，有助於促進土壤團粒化作用。選擇時應多加留意，**選用已成熟、沒有夾雜針葉樹的葉子等混雜物為佳**。

❷**牛糞堆肥**▼發酵完成的牛糞含有營養成分，適用於花園及農地的土壤改良。

❸**樹皮堆肥**▼針葉樹發酵成熟的樹皮。由於針葉樹含有不利於植物生長的成分，所以務必選用已成熟的樹皮。

❹**泥炭土**▼沼澤地區的苔蘚植物經長年堆積分解而成。其品質穩定，幾乎為無菌，適用於盆栽的混土。

品質佳的有機質皆含有一定的纖維質，且不會輕易被破壞。然而隨著時間的推移，仍會產生損壞、分解等情形，因此每年都應該加入新的有機質，對植物較好。

根宿草等植物，適合於秋天進行修整及改良土壤

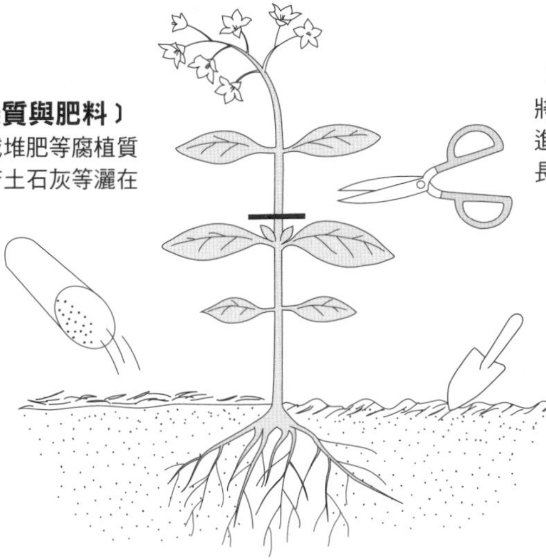

〔施加有機質與肥料〕
供給腐葉土或堆肥等腐植質肥料，並將苦土石灰等灑在植物的四周。

〔修剪〕
將凋謝的花朵及花莖進行修剪，剪至新芽長出來的上方即可。

〔整土〕
輕輕翻掘植物周圍的土壤，放入腐植質與肥料，充分混合後埋回。

常見利於土壤改良的有機質

▲腐葉土
為發酵成熟之落葉，利於提高通氣性、排水性及保水性。應使用已發酵落葉為佳。

▲泥炭土
為腐植化作用後之沼澤地水苔植物，故有助於通氣性、保水性、保肥性之改良。為酸性無菌。

▲樹皮堆肥
為發酵成熟過後的牛糞、馬糞及樹皮等，可促進土壤的團粒化運作。

土壤一定要過篩，為什麼？

要訣 **可過濾粉塵，提高土壤的透水性與通氣性。**

土壤的物理構造包括土壤粒子、水分、空氣進出空間等三部分，極為重要（參見第十頁）。土壤的選擇依不同的植物而有所差異，例如喜好土壤透水性高的植物，適用透氣度較好的培養土。

土壤的空氣流通空間少時，會讓土質變得乾硬。土壤中夾帶許多微小的土壤粒子與粉塵，會造成土壤乾硬，因此使用前應先將粉塵過濾。通常我們會使用約1mm大小的篩網來過濾雜質。過篩不僅可以去除雜質、雜草，還可讓土壤粒子大小均一。若欲將使用過的培養土再度利用，過篩更是不可或缺的工作。若手邊沒有篩網或想要簡易地除去雜質，可將培養土裝袋，藉由來回輕輕地丟向地面，讓雜質集中於袋子的底部，而後再將上方的培養土撈起使用即可。

若培養土中含有大量粉塵，水就容易卡在土壤粒子間的縫隙，導致水分子停滯無法流通，並積在盆底無法排出，不僅有害根部的生長，也會導致根部腐爛。因此，為增進土壤中的氣體空間，以及促進植物根部之生長，培養土必需進行過篩作業，以去除不必要的粉塵與雜質等。

花草

樹木

過篩土壤，提供植物更好的生長環境

▶從赤玉土、鹿沼土等顆粒土，到多數市售的培養土，皆參有粉塵。若直接使用，會將粉塵連同放入，故使用前應先過篩以除去雜質。

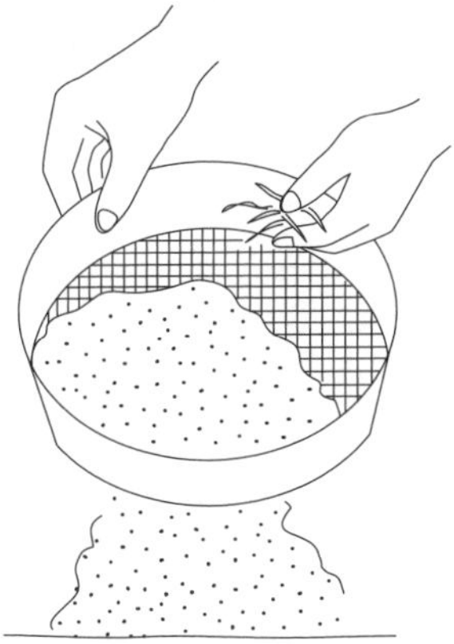

培養土的基本混合比率

腐葉土（泥炭土）
占30%～40%。
勿使用還保有葉片形狀的劣質品。選用酸鹼度已調整的泥炭土。

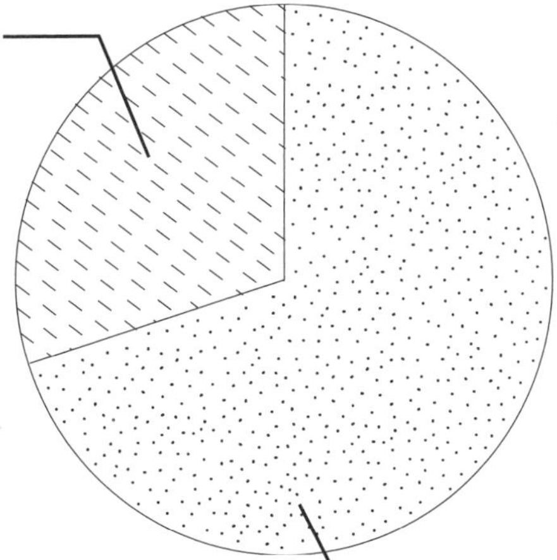

赤玉土
占60%～70%
使用過篩、已去除雜質的赤玉土。

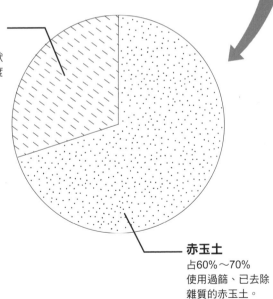

盆土需要混合數種不同的土，為什麼？

花草
樹木

要訣 **依栽種植物的不同，混合數種用土，更有利於植物的生長。**

將不同的土壤混合使用，將有利於盆中的植物茁壯生長。所謂的混土，一般而言是為了改善土壤的通氣性、排水性、保水性及保肥性，而加入改良用土及肥料。基本用土常見的有赤土、黑土、田土（荒木田土）及河砂等等。改良用土則可分為兩種，一種作為有機質使用的腐葉土、堆肥、泥炭土等；一種作為無機物使用的珍珠石、蛭石等。**有機質的主要功能在於促進土壤的團粒結構；使用珍珠石（發泡人工用土）或砂，則可增進其排水性能；欲降低土壤的酸鹼度，則可使用泥炭土。**

基本用土具有區域性，如位於關東區之關東壤土土層下方的火山灰土——赤土，雜質多且通氣性不佳，通常會先過篩，將大、中、小粒子分開，最後以赤玉土販售。而關西以西的地區，則有花崗岩風化後生成的土壤——真砂土，其特性為通氣性不佳且較沉重，因此若將其製作成培養土，可加入30～40%的腐葉土或河砂，改善排水及通氣性。此外，由於土壤為酸性，應加入石灰調整其酸鹼度。荒木田土為水田的下層土或河川的堆積土，較重且具有保水及保肥性，適合使用通氣性及排水性高的無機物珍珠石。

使用何種土壤、各土壤的混合比率為何，應視栽種的植物特性加以評估並調配。儘管市售的培養土包裝上皆有標示其適用植物，混土前仍應參照包裝上的說明。

市售培養土的調配方式

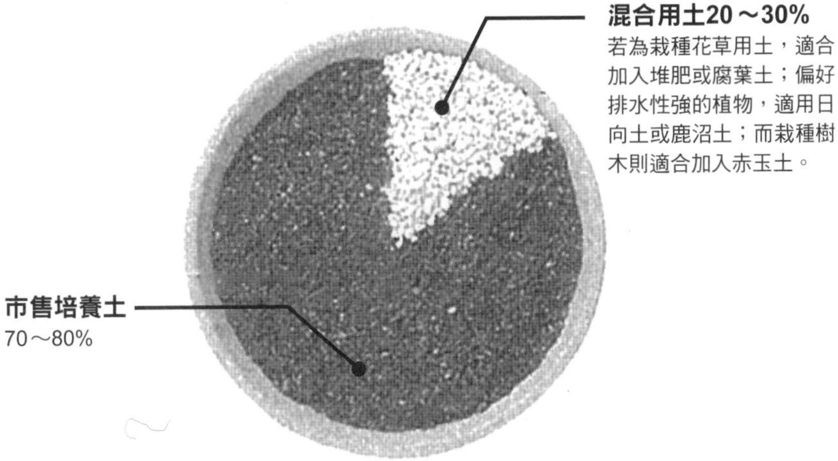
混合用土20～30%
若為栽種花草用土，適合加入堆肥或腐葉土；偏好排水性強的植物，適用日向土或鹿沼土；而栽種樹木則適合加入赤玉土。
市售培養土
70～80%

盆栽用土的混合比例

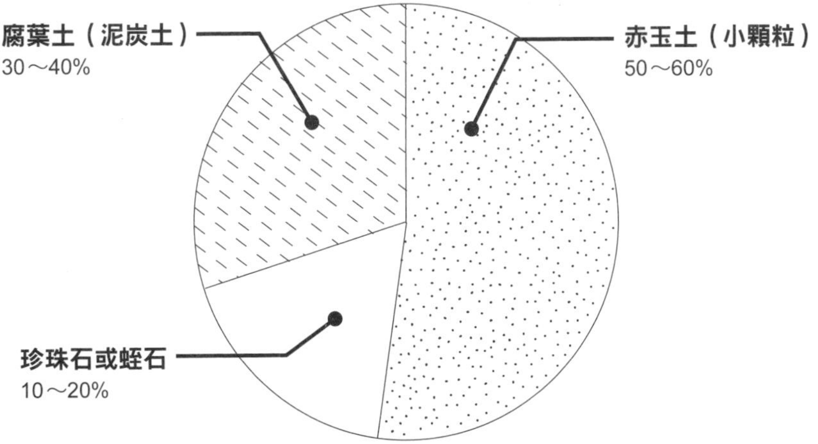
腐葉土（泥炭土）
30～40%
赤玉土（小顆粒）
50～60%
珍珠石或蛭石
10～20%

＊依栽種的植物種類，調整用土的混合比例。
＊粒狀結構的土壤，應於混合前過篩以除去粉塵。
＊欲使土壤輕盈、通氣性佳，可加入珍珠石或蛭石。
＊選擇酸鹼度已調整的泥炭土。

植物適合的土壤各不同，該如何調配？

花草
樹木

要訣 **視植物的原生地、種植環境的不同，混合調配適合的土壤。**

植物源自世界各地，原生地生長環境各有差異。單就氣候生態面來看，範圍由乾燥區到熱帶雨林，原生地的土壤種類也就跟著不同，從石礫或砂質粒子多、排水性強的土壤，到有機質豐富、保肥性強的土壤，種類豐富多樣。**了解植物的原生地，是讓栽種過程更順利的訣竅之一**。

例如一些生長於乾燥環境中的植物，由於水分匱乏，因此吸取水分的根部都長得十分發達，若將這些植物從土中掘出，就會發現其粗壯的根深植地底；相對地，若是生長於水分不匱乏且潮濕地帶的植物，其根部則多不發達。

然而應注意的是，**原生地對有些植物而言，未必是最適切的環境**，因為有可能是其他植物占領了較好的生長環境，造成該植物沒有棲息處，只好在不適合的環境生長。我們常會以植物的原生環境來推測什麼樣的條件可以使之茁壯成長，然而有時候與其原生環境全然不同的條件下，反而較能茁壯成長。

種植杜鵑花、繡球花及藍莓等植物時，適合使用pH5左右的土壤，若是以赤玉土做為基本用土時，則可加入酸性的鹿沼土、或酸鹼性未經調整的泥炭土等混合使用。若為生長於排水性佳或不喜歡高溫多濕的植物，可混入輕石、珍珠石等，提高培養土的通氣性，讓根部能夠更有活力的生長。相反地，若為

依不同的生態，選擇適合的混土

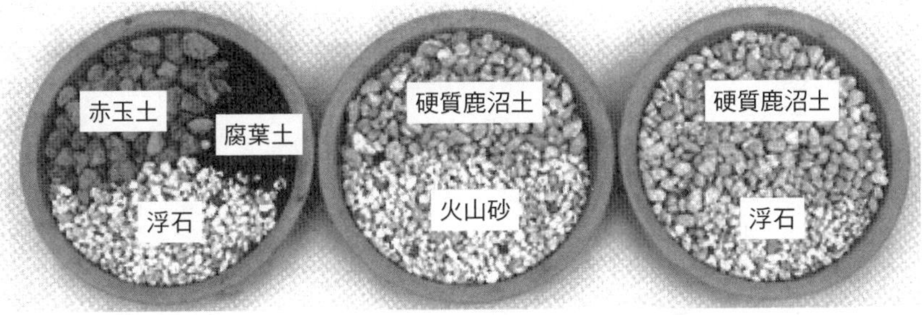
赤玉土
腐葉土
浮石
硬質鹿沼土
火山砂
硬質鹿沼土
浮石

▲野草專用混土　▲山草專用混土　▲高山植物專用混土

不喜乾燥、偏好濕氣的植物，可混入保水性較高的蛭石。

依栽種植物地點，混土的方式也必須有所不同，如為日曬或陰涼處、室內或戶外等，皆會影響培養土的乾溼度及通風。

不論是上述的哪一種情形，植物喜好的土壤條件皆不同，必須視情況，搭配不同的混土方式。

玫瑰苗木的混土配方

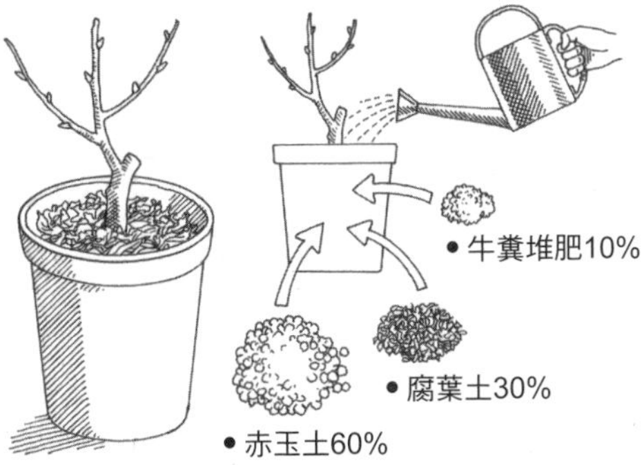
• 牛糞堆肥10%
• 腐葉土30%
• 赤玉土60%

藍莓的混土配方

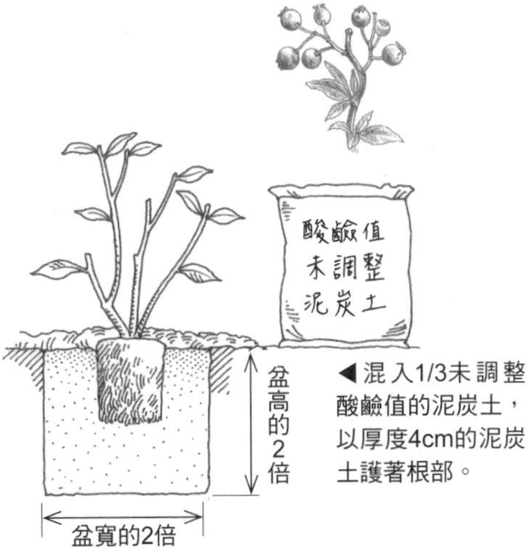
酸鹼值
未調整
泥炭土
盆高的2倍
盆寬的2倍

◀混入1/3未調整酸鹼值的泥炭土，以厚度4cm的泥炭土護著根部。

腐葉土一定要發酵熟成才能使用？為什麼？

花草 樹木

要訣 未經發酵熟成的腐葉土，會吸收土壤的氮素，影響植物生長。

腐葉土等有機質需經由土壤中的微生物分解，而微生物在分解時所需的能量則由土壤中吸取。若是已熟成不需再發酵的有機質，就不會再吸取土壤中的養分；反之，未熟成的有機質需要土壤的供給，從土中吸取分解時所需的能量，因此會奪取原本肥料成分中的氮氣，導致土壤中的氮素不足，此即造成所謂的「氮飢餓現象」。

施用有機質卻反而導致缺氮，使得植物因氮不足而無法順利生長，違背了原本施用有機質的意義。此外，未發酵的有機質所產生的「發酵熱」，也會有礙根部的生長，因此應避免使用未發酵完全的有機質，對植物較好。

催熟未熟腐葉土的方法

▲在10公升的塑膠袋中裝入未熟腐葉土，加入兩把米糠或油粕，並在袋子上戳數個洞。加入一點水，使其帶點濕氣並充分翻攪混合。完成後將袋口綁緊，放置於陽光直射處兩週。而後每兩週翻攪一次，約3～6個月後完成。

Column

如何分辨優質的有機質？

花草 樹木

葉子呈現褐色、帶有廚餘臭味的有機質，應避免使用。

好的有機質需已熟成，並確保效用可維持在一定的期間（至少一年以上）。即便是已熟成發酵的有機質，也有可能因為過於粉碎、形狀不完全而不適用。**因此若以落葉作為有機質的原料，最好選用帶有纖維質的葉子（從維管束到葉脈等），可維持形狀、不會粉碎之腐葉土。**一般來說，落葉闊葉樹種的葉子或樹皮，皆適合作為腐葉土使用。

未熟成的腐葉土多半殘留原本的形狀，且葉子呈褐色，敗壞腐化時會發出刺鼻的酸味。因此使用時盡可能挑選沒有強烈氣味、顏色接近黑褐色並已熟成的有機質，若發出異臭，應避免使用。

優質腐葉土的挑選方式

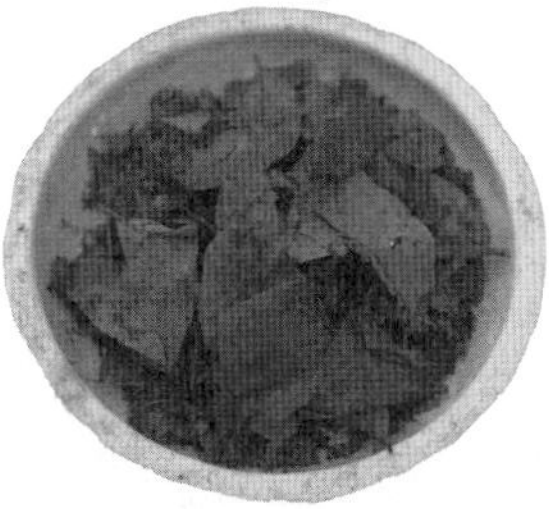

▲未熟成的腐葉土
呈茶褐色，葉子保留原本的形狀大小。

▲品質優良的腐葉土
呈漆黑色，葉子碎片細小。

針葉樹的葉子，不能作為腐葉土的原料？

花草

樹木

要訣

針葉樹的葉片不易腐壞，且帶有香氣，不適合做成腐葉土。

腐葉土通常會使用橡樹、椎栗、櫟樹、青剛櫟屬等落葉闊葉樹的葉子。

針葉樹如松樹、杉樹的葉子含有許多精油成分，還含有阻害微生物生長的物質，因此葉片難以發酵腐壞。針葉樹的葉片還含有多量萜烯成分，此即為森林浴時人稱擁有療癒效果的「芬多精」，也是森林中香氣的主要來源之一。

總結以上所述，**針葉樹的葉片不易腐壞，且葉片散發出的香氣對植物有不好的影響，因此不適合做成腐葉土**，故培育腐葉土前，應先將針葉樹的葉子取出。

針葉樹葉不能做成腐葉土

▲五葉松

短截茂密、帶著藍色的美麗葉片，最常作為觀賞盆栽使用，但其針葉不適合作為腐葉土。

培養土中出現白色線狀物，該如何處理？

花草 樹木

要訣 先確認白色線狀物為黴菌或線蟲，再進行土壤消毒或更換土壤。

庭院或田地土壤中出現白色線狀物，可能代表不同情形。呈現發霉狀者為真菌類，而其中有能夠分解有機質的真菌，卻也有會導致生病的真菌，如白紋羽病等的真菌。白紋羽病好發於梅、栗子、蘋果等果樹，或是茶椿、茶花、瑞香等開花樹，感染該菌會導致無法發新芽或樹葉縮小等症狀。染病的根部會因腐壞生出白色的霉，若出現該況，必須整株挖除丟棄，並更換新土。

如果不是霉狀，而是長約1mm的透明蟲類則是「線蟲」，它與寄生於人體腹中的蛔蟲屬同一類生物。寄生於植物上的線蟲主要有「根瘤線蟲」與「根腐線蟲」。根瘤線蟲會在根部大量集結成瘤狀以吸取養分，根腐線蟲則會導致植物細根退化，其寄生部位也會逐漸變色腐敗。只要發現線蟲，就必須進行土壤消毒或更換新土。亦可種植能對抗線蟲的植物，例如，萬壽菊根部所含的化學物質可抑制線蟲的繁殖力，抑制根腐線蟲的效果更明顯。

培養土出現白色線狀物可能代表的是不同的感染狀況，需謹慎評估再加以對症處理。

▲萬壽菊
可抑制線蟲的繁殖，效果非常好。

Column

舊土如何再生利用？

去除雜質，再以陽光殺菌消毒，可改善土壤的通氣性、排水性與養分，重新利用。

當我們在自家陽台享受園藝樂趣之餘，常有不知該如何處理的枯萎盆栽，或因更換而留下的舊土。若將栽種過的舊土直接用來種植，新作物容易受前作物的影響而導致栽種失敗。舊土帶來的不好影響有：

❶導致某種養分過多或欠缺等營養不均的狀況。

❷土壤粒子遭破壞，通氣性與排水性不佳，易導致根部腐壞。

❸對植物生長有利的微生物量減少。

❹殘留前作物的病蟲害。

若想要重複使用舊土，就必須先讓土壤再生。首先將舊土中植物的殘骸或雜草取出，鋪於報紙上讓太陽曬至完全乾燥，以利消毒。夏天約須曝曬一週，冬天則為兩週，兩三天換一次報紙並順便將土翻面。將乾燥後的土過篩以除去雜質，再加入相同成分的等量新土、適量的苦土石灰或基肥。

土壤再生的重點在於：充分乾燥、去除雜質、以陽光殺菌消毒、改善土壤的透氣性、排水性與肥料成分，以達到重複使用的目的。

花草

樹木

讓老舊盆土再生的方式

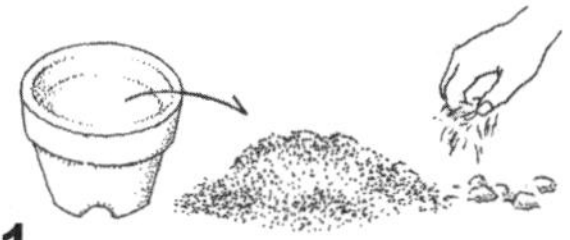

1
倒出容器中的舊土，除去盆底石與老舊的根。

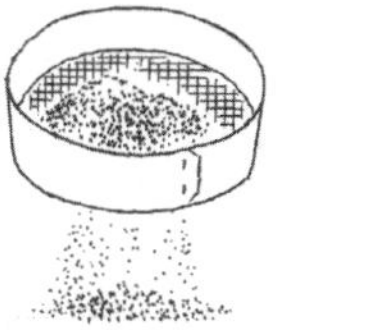

2
將舊土過篩去除粉塵。

3
將土澆水至微濕後，裝入塑膠袋密封，並放在太陽直射處，夏天約一個月，冬天則放置三個月。

4
放入等量新土混合即可。

「微生物發酵法」，使舊土重生

藉由微生物的分解力，使舊土再生。除冬天以外，其他溫暖季節皆適合進行，但避免於栽種茄子科或十字花科等無法連續栽培的植物之後進行。

1
將收成後的莖或塊根等清除後，在土中均勻撒入微生物肥料。10L的土約使用30g左右的肥料。

2
用手將土與肥料充分混合，以灑水器澆水至水從盆器底部流出為止。

3
以兩層塑膠布蓋住容器並用繩子綁緊，放置在日光充足的地方。約兩週後塑膠布會逐漸膨脹。

4
容器開始發熱後測量溫度，超過60℃則代表發酵與分解完成。拿掉塑膠布使其冷卻後便能使用。

市售的培養土，如何挑選？

花草 樹木

要訣 **市售培養土的配土比例皆不同，購買前應先確認袋上標示。**

一般市售的培養土是先將數種不同的用土混合後裝袋，肥料、酸鹼值皆已經過調整，讓消費者購買後即可直接使用。

購買前首先要確認的是袋上標示（品質標示），如主要成分、配合肥料、適用植物（專用型）、製造商、住址及電話等是否有詳細標明，若缺乏上述標示則不應購買，因為標示清楚的商品代表廠商對該品質負有責任。除了確認標示適合栽種何種植物外，還需確認用土的pH值、顆粒大小，以及基肥的主要肥料成分比例等等，也非常重要。

此外，若是長時間種植於盆栽中，如玫瑰等花木，適合選用赤玉土、黑土或荒木田土等基本用土，再混入其他各種有機質作為培養土。若玫瑰非栽種於以赤玉土為主之用土，而是栽種於以泥炭土為主時，不僅乾濕調節不易，還會導致缺乏某些特定養分的症狀出現。

若由培養土的外觀或標示仍無法判別時，可以感受一下培養土的重量，若太輕代表赤玉土的含量可能過少；若太重則可能是雜質過多，易導致排水不良的情形出現。

Chapter

2

播種與種植的關鍵

播種是培育植物的起點，
將種子、幼苗栽種於合適的環境、仔細養護，
使其茁壯成長、開花結果。

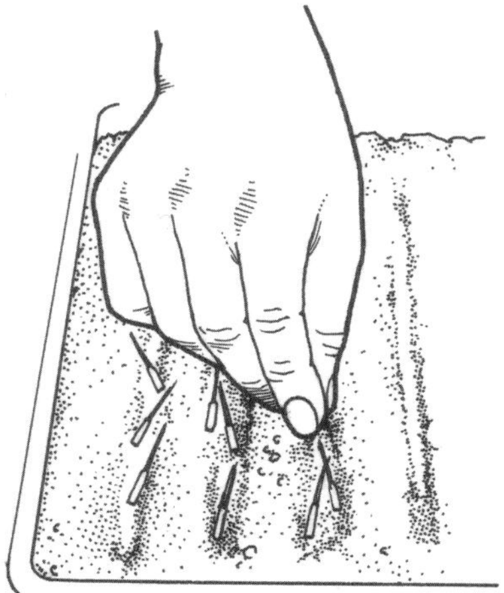

植物的播種方式各不同，為什麼？

花草
樹木

要訣 **需視溫度、光照、水分等因素，給予適合的照顧。**

各種植物源自於不同的原生地，因此種子發芽的條件也會有所不同。**種子發芽有三大條件，分別為溫度、水分及氧氣。**此外，**光亦為影響發芽的重要條件之一**。

促使種子發芽可分為「需要光照」及「不需要光照」兩種情況，其分別稱之為「好光性種子」與「嫌光性種子」。矮牽牛與報春花的種子發芽時需要光照，所以播種後，表層不可覆蓋土壤；勿忘草與日日春則不需要光照，所以需覆蓋土壤。

雖然水分是種子發芽不可或缺的要素，但是有些種類的種子即使供給水分，卻無法吸收。最具代表性的是**硬實種子的豆科植物，其種皮硬，不易吸收水分，需先使用刀子劃開外皮，或是將之浸泡於熱水中。**

在種子發芽的三大條件中，溫度是極為重要的要素。依據植物原生地而異，隨著季節變化，有其不同的發芽時期。在自然的狀況下，種子發芽時期的溫度稱為「發芽適溫」。一般而言，原生地為高緯度地區的植物，其發芽適溫較低；原生地為低緯度地區的植物其發芽適溫則較高。

當種子在進行發芽時，處於生長中的胚就會開始大量地呼吸，因此氧氣（空氣）是發芽階段中極為重要的條件之一。**若將種子浸泡在水中便無法吸收到氧氣，導致無法發芽。**一般而言，種子包含胚與發芽時供給養分的胚乳，大部分的種子都有胚乳，發芽時會自其中吸取養分。

此外，也有不具胚芽的種子，如豆類，發芽時所需的養分則由子葉提供。蘭科植物的種子不僅不具胚乳，也不具豆科般的子葉，而是未熟胚，因此蘭科植物必須借助一種稱為「蘭菌」的共生菌，提供其養分才能發芽。

若是像玫瑰一樣處於休眠狀態的種子，其處理方式可以濕潤的泥炭土包覆，再將之放入袋中避免乾燥，完成後放置於冰箱冷藏約二至三個月，打破其休眠狀態。

各種類的植物，已分別適應其原生地的環境，對於發芽的條件亦不相同，需依其喜好給予適當的播種方式。

種子發芽時的光照條件

好光性種子

藿香薊、非洲鳳仙花、紫芳草、金魚草、彩葉草、夏菫、矮牽牛、松葉牡丹、六倍利等。

▲非洲鳳仙花

嫌光性種子

蝴蝶花、百日菊、黑種草、雁來紅、花菱草、紅花等。

▲花菱草

酪梨的播種方式

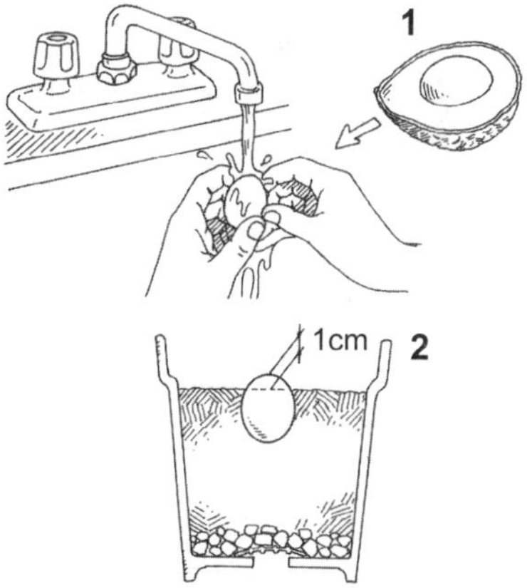

▲若將酪梨果實直接埋於土壤中，並無法使其發芽，必須將種子從果實中取出並沖洗乾淨，避免殘留的油脂影響發芽。栽種時將發芽處朝上，露出土壤表面約1cm。

如何讀懂種子包裝袋上的種植說明？

花草

樹木

要訣 包裝正、反面通常記載不同資訊，請詳閱再開始播種。

種子袋正面通常會放上植物的照片，背面則是詳盡地記載該植物的相關資料，從學名、科名到植物的特徵及栽培方法等皆有。當然播種的相關資料，如播種期、發芽適溫、發芽天數等也都有記載。由於栽種地點的不同，其適合播種的時節也有所不同，所以也會分別標示寒冷地帶或溫暖地帶的生長週期。

此外，發芽後的狀態，如開花時期、收穫時期，還有種子的品質，如產地（培育地）、發芽率、有效期限等都有記載。雖然只是一小袋，但上面所集結的資訊比想像中還要來得豐富。因此栽種時應牢記種子袋上的豐富資訊，閱讀時不要放過每個小細節。另外，也可在百科圖鑑上查閱種子袋上的植物學名，便於廣泛地收集更多的資訊。

詳細閱讀種子袋上的說明

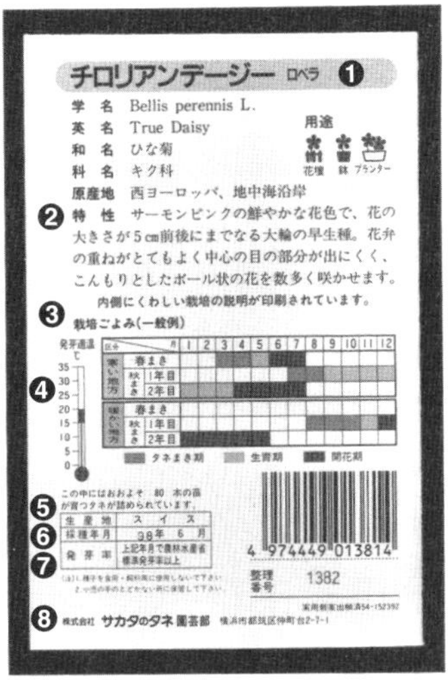

❶植物名稱　❷植物特性　❸栽培曆　❹發芽適溫

❺產地　❻種子摘取日期　❼每袋的育成株數　❽生產廠商

良好的幼苗體質，該如何培育？

要訣 **植物的生長階段中，以初期的育苗時期最為重要，應特別細心照料。**

植物是否可以茁壯生長、開花結果，大多取決於育苗時期。種子發芽後，讓苗根有足夠的空間伸展、根系發達，進而長成堅韌強壯的幼苗，可以順利的吸收水分、養分，便能打造出良好的幼苗體質。

如果幼苗夠強壯，便足以對抗環境變化（冷、熱、乾燥、潮濕等）以及病蟲害；相反地，若幼苗虛弱，會缺乏對抗自然及病蟲害的抵抗力，導致容易被害蟲侵略而生病。**萎縮缺乏生命力的幼苗，即便之後細心照料，仍然無法超越原本強壯的幼苗。**

種子是育苗最重要的一環，應挑選強健易栽種的種子，其發芽後才能夠有效地吸收肥料。此外，購買苗株時也須挑選茁壯的植株。

發芽期需細心照顧的種子

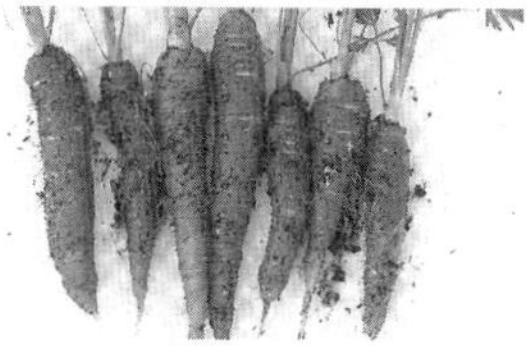

▲紅蘿蔔

發芽率不佳，且發芽需要等上好一段時間。由於播種方式為直接將種子撒於土面上，所以需要特別留意保持濕度。進行疏苗作業時，應使用鑷子小心處理。

▲結球萵苣

結球萵苣在種子發芽期間的水分管理較為困難，屬於有栽種難度的蔬菜。進行疏苗作業時，應使用鑷子小心處理。

幼苗的好壞，該如何分辨？

要訣 **健康的幼苗，其葉色鮮明、莖結實且節間短、無病蟲害。**

幼苗的品質可以由幾個地方觀察判斷，例如是否有染病、葉片色澤的濃淡，以及苗莖是否有徒長的情形。幼苗成長階段中若有確實地做好施肥的工作，並給予足夠的光照，葉子就會呈現濃綠色。如果葉子的色澤不佳，有可能是氮肥不足，或缺乏鐵等微量要素。除此之外，如果確實地做好溫度的掌控、通風、日照等，就可以避免發生徒長。

若為蔬菜幼苗或花苗等發芽不久的小型幼苗，可以用「是否有子葉」來作為好壞的判別。**健康的幼苗會有子葉，若缺乏子葉極有可能是幼苗的照料不佳，或是缺乏肥料等情形。**

健康苗株的分辨方法

▲**不健康的苗**
莖節間長、細長過高，葉子稀疏。

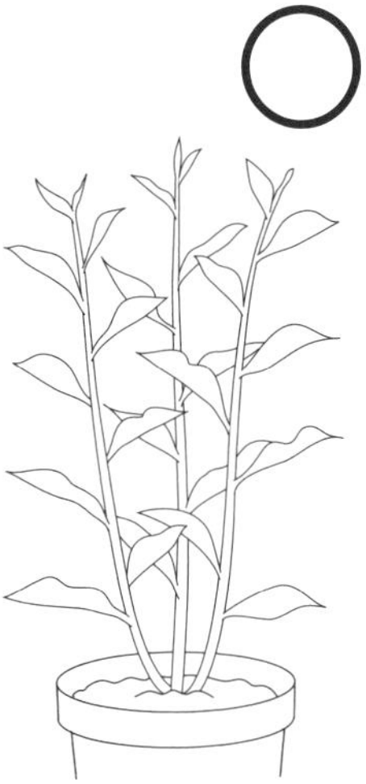

▲**健康的苗**
莖節間短、結實強壯，葉色濃密且葉片大。

播種的時機，會影響植物的生長？

要訣 栽種時節錯誤，將導致植物無法順利生長。

植物分別適應了其成長故鄉（原生地）的環境（溫度、濕度、日照、晝夜長短），而有了現在的型態與特性。若栽種於和故鄉相似的環境中，植物便可以順利的成長。但若是栽種於相異的環境，植物則有可能停止生長、無法開花或是結果。

植物會以不同的姿態順應環境，在不同的季節播種時，也會有不同的生長結果。如配合溫度與晝夜長短，植物以「營養生長」（根、莖、葉等營養器官的生長）和「生殖生長」（花、果實、種子等生殖器官的生長）等不同階段因應之。

即使為同一種植物，若栽種的時期不同，對日照、溫度、晝夜長短等反應也會不同，其生長的方式亦有所不同。因此，有些植物若栽種的時節錯誤，就會無法順利生長。

不同播種時期的生長差異

▲播種時期過早，形狀不圓而呈細長狀的蕪菁。

▲適期栽種，長成漂亮球狀的蕪菁。

無法立即栽種的苗株，該如何處理？

花草
樹木

要訣

保管時應避免失水，並暫時栽植於庭園或稍大的盆栽中。

通常拿到幼苗後，應馬上栽種於庭園或是農園中，如栽種時間拖得太久，根部不僅無法在有限的空間裡獲得伸展，也會導致肥料供給不足等問題。如果無法立即栽種剛入手的幼苗，必須先將其安置於暫時的場所，做好維持的管理工作（園藝上稱為「假植」）。

將幼苗暫時栽種於盆栽時，一定要確實澆水，避免枯萎。若離栽種還有很長的一段時間，可直接連同盆栽，或是從盆栽取出後，暫時栽植於庭園中，並需隨時留意肥料是否不足，以液態肥或固體肥做好追肥的工作。若為苗木，無法馬上種植於庭園中，則可以麻布或不織布包裹根部的方式暫時種植。

假植於大盆中的方式

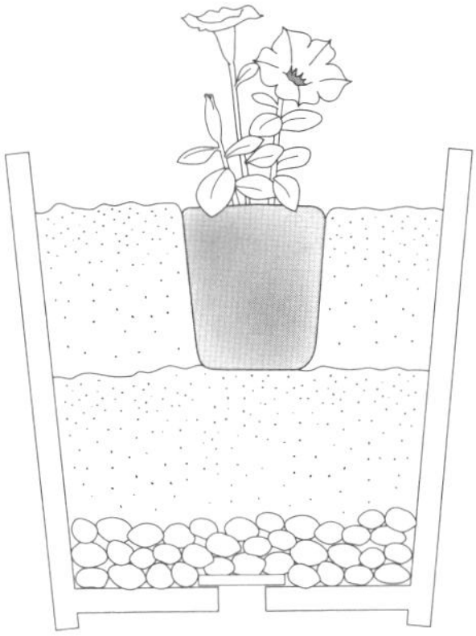

▲在大盆中放入培養土後，將植株連同容器直接放入其中假植。為避免失水乾枯，大盆栽的內圍口徑應為植株容器的兩倍。放置於明亮半日陰處較好管理。

苗株間應該保持多大間距，較為適合？

花草 樹木

要訣　考量幼苗的寬度與高度，保留寬裕的生長空間最為理想。

栽種植物前，應先預想植物成長後的大小，再以其大小且稍寬的距離作為栽種的間隔。若距離過密，待植物長大就易影響到旁邊的植株，且造成通風不佳，產生病蟲害等問題。**一、二年生草本植物，若株高為30公分以下，栽種距離為20～30公分；株高30～60公分，則其距離為30～50公分。**

除了高度之外，植物的寬度也很重要。若欲栽培至完全長成之樣貌，則應考量植物覆蓋地表的程度。若栽種時沒有預留空間，待長至枝葉茂密、無法看到地面的程度，就會導致通風不易且過於悶熱。

栽種前，預想植物日後生長的大小，考量其寬高後，再決定種植的距離。

栽種香草植物時，需給予充分的成長空間

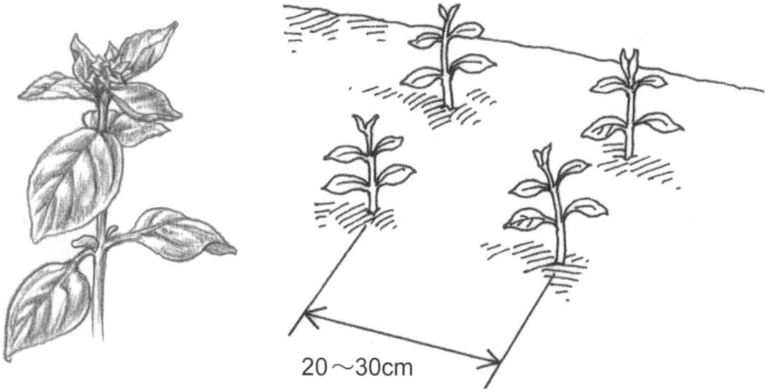

▲羅勒的生長期為初夏至秋季，完全長成後體型較大，因此栽種時需保持充分的距離。約以20～30cm的間距成列種植。若間距過小，不僅無法旺盛地成長，且容易悶熱、導致病蟲害等情形發生。

植物一定要上盆嗎？上盆有什麼訣竅？

花草 樹木

要訣 **精準掌握上盆時機，避免傷及根部。**

植物播種一段時間後，為了讓纏繞的根系獲得充分伸展，需進行上盆動作。上盆時，應盡可能避免傷及根部。

很多人習慣使用分隔好的育苗專用穴盤進行播種的工作，使用穴盤時須特別注意上盆的時機。若太晚上盆，根部已牢牢地環繞在狹小的洞穴裡，導致在取出過程中易傷及根部，或因盆器的空間狹小，根部日後無法順利伸展。此外，若一直放置於穴盤中，亦容易導致肥料不足。

播種於苗床或一般盆器時，上盆的時機尤為重要。若將種子一直埋置於容器中，容易與旁邊幼苗的根部纏繞在一起，日後進行換盆掘苗時容易弄斷根部，受傷的根部會導致植株日後成長較為遲緩。**換盆的訣竅在於將幼苗或植株栽種於盆器的中心，使其根部得以均勻充分地伸展。**輕壓植株基部後，將盆底輕敲地面，幫助土壤密實及整平盆面。

若根系盤結嚴重，應小心輕輕地鬆開以利脫盆。若出現根系盤繞在盆底、根表面呈白色，或新根延遲生長之情形，都是由於沒有及時換盆，根部無法伸展所造成。應精準掌握上盆的時機，避免傷及根部。

使用鑷子疏苗，避免傷及根部

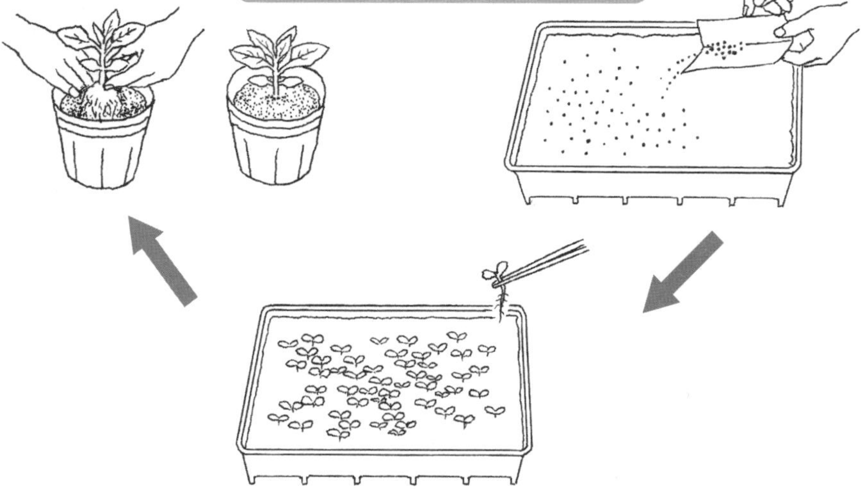

▲細小的種子遍佈苗床，待本葉達1～2片時，以鑷子進行疏苗，拔除細小或是發育不佳的部分。待本葉達3～4片時，應移至9cm大小之盆器（3寸盆）栽種。

較大幼苗的移植法

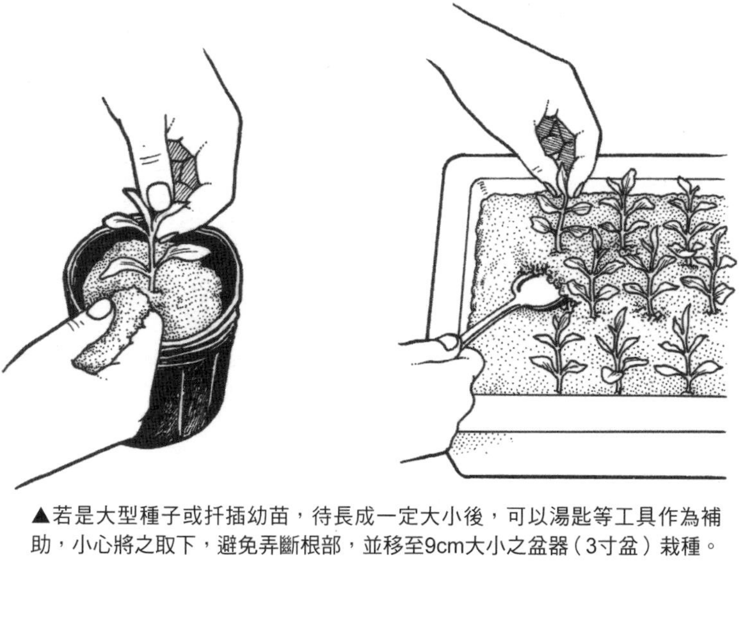

▲若是大型種子或扦插幼苗，待長成一定大小後，可以湯匙等工具作為補助，小心將之取下，避免弄斷根部，並移至9cm大小之盆器（3寸盆）栽種。

如何選擇便利的播種資材？

花草

樹木

要訣

活用穴盤、泥炭板、泥炭盆等器具，以減輕根部的負擔。

市面上充斥著各式各樣能讓播種工作更便於進行的器具。常見的穴盤是配合自動播種機的規格，連接成多個小框格，每個小框格的底部皆有小孔洞，播種時，在每個框格裡放入1～2粒種子。

名為「Metro Mix」的專用土，是專為此播種盤而開發的。是以泥炭土為主混合而成，適用於播種或幼苗的初期成長。此外，另有針對細小種子而開發的泥炭板，其中含有發芽後所需之肥料，並調整好酸鹼值壓縮而成，泥炭板自底面吸水後會膨脹，之後便能直接在上面播種。

相同的原理，另有一種被稱為「壓縮泥炭盆」，以同種材料作成直徑4～5cm的圓盤，再將之放入塑膠框中（商品名稱為「Jiffy 7」）。每一個圓盤狀的泥炭土皆可用來播種，適用於體積較大的種子，優點為種苗長大後可直接種植，避免傷及根部。利用泥炭土為材料所製成的還有連結狀穴盤，以及呈花盆狀能直接整盆種植的泥炭盆（商品名稱為Jiffy Pot）。其它尚有育苗箱及由聚乙烯薄膜製成的聚乙烯盆。

請根據種子的大小或植物根系的性質來選擇適當的播種材料，享受播種的樂趣吧！

泥炭盆的用法

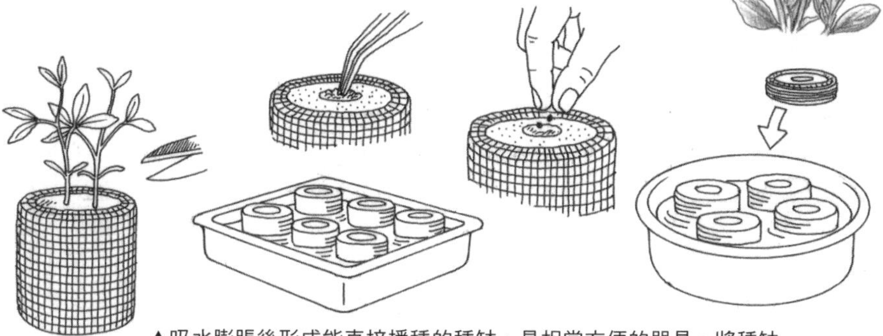

▲吸水膨脹後形成能直接播種的種缽，是相當方便的器具。將種缽放在裝滿水的盆中靜置吸水，待其充分膨脹後即可播種於中央部分，等待發芽的過程中，需讓育苗盤裡保持濕潤。

各式各樣的播種器具

▲泥炭板
吸水後會膨脹三倍，無菌的特性可讓幼苗在成長初期較不易失敗。適合用於細小的種子。

▲泥炭盆（Jiffy Pot）
播種後能整盆定植，用此育苗可以避免斷根、透氣性好。盆中用土建議使用播種專用土。

▲紙製穴盤
連結在一起的特性，更利於澆水等管理。定植時，以刀片將之分離後，直接栽植於土中即可。

如何選擇最佳的栽種場所？

花草

樹木

要訣 依植物生長條件，慎選日曬或遮陰、乾燥或濕潤等環境條件。

栽種時應依照植物特性選擇最適切的生長環境。**在各環境條件中，又以「日照量」和「乾溼度」兩者最為重要。**喜好日照處的植物稱為「陽生植物」；喜好遮陰處的植物稱為「陰生植物」。

在乾溼度方面，其代表的植物有：喜歡乾燥環境的天竺葵，與喜歡潮濕環境的非洲鳳仙花等植物。栽種時可依環境接受日照的程度，以及東西南北方位作為考量依據。此外，地下水位的狀況亦會影響栽種處之乾濕情形，因此栽種前亦須多加留意。有些植物冬日需要充足的日照；有些則是夏日需要處於陰涼的環境。山野草類的植物，應選擇栽種於落葉樹下，而非常綠樹下。若是冬天長葉，初春開花的山慈菇類植物，也應選擇栽種於落葉樹下。

栽種地的土質對植物亦有極大的影響。喜好乾燥的植物，應避免栽種於排水不佳的土質處。是否通風也是影響乾燥與潮溼的重要因素，因為通風不良處往往也是潮溼之地。植物依其原生地環境的不同，其偏好土壤酸鹼度也有所不同。若喜歡鹼性土壤的植物，可加入石灰等調整其pH值。

雖然有些植物對環境的適應力很高，即使栽種於不適合的環境中，也能順利成長，即便如此，為了讓植物能夠發揮與生俱來的能力，仍應選擇合適的栽種環境。

陽生植物＆陰生植物

陽生植物
牽牛花、康乃馨、非洲菊、菊花、波斯菊、香豌豆、鬱金香、玫瑰、三色堇、矮牽牛、萬壽菊等。

陰生植物
鐵線蕨、火鶴花、非洲鳳仙花、玉簪花、君子蘭、大岩桐、彩葉草、非洲堇、紅果金栗蘭、椒草、黃金葛等。

利用植物特性，製造豐富層次

▲鐵線蓮很適合做為園藝觀賞植物，使其沿著籬笆盛開，前方保持間隔距離，再種上葉片較大、長得較高的毛地黃，再將較低矮的植物栽種於前方做為地被植物，利用多種植物製造出層次，看起來更為整齊美觀。

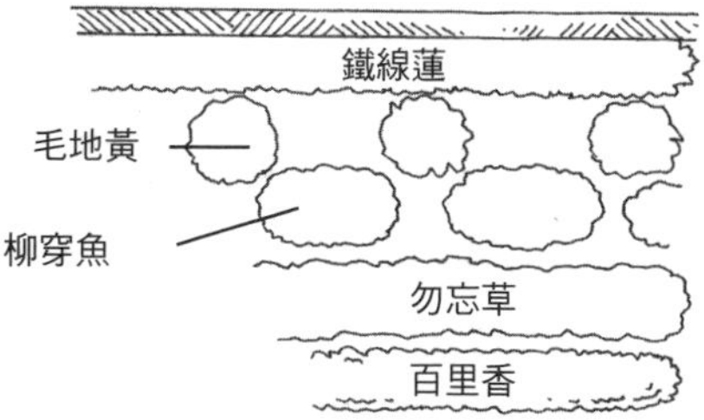

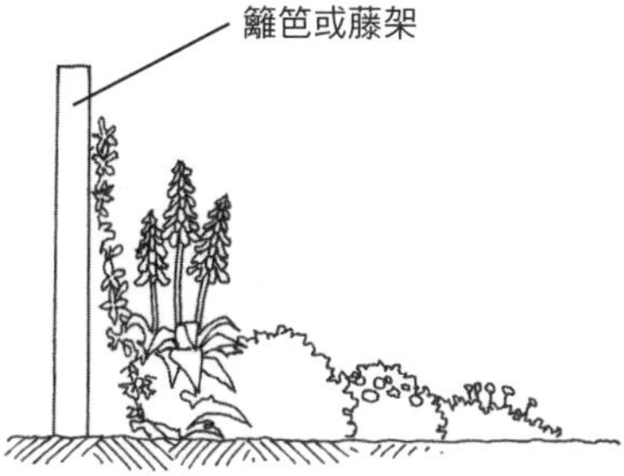

植穴的空間需多大、多深才足夠？

要訣

需預留根系伸展空間，並加入有機質。

想要讓栽種的植物可以健全地生長，給予根部足夠的生長空間是很重要的，如果栽種的盆器或植穴，和植株根群的大小相同，根部就會有所受限而無法伸展。此外，因土質與土層的影響，有時候底部的土壤較不肥沃且排水不佳，若能深掘植穴並放入有機質充分混合，植物的根部便能獲得養分並充分地延伸。

栽種時應避免將植株勉強地塞進過於狹小之處，**選擇空間寬裕的環境，可讓植物在生長過程中得以舒展**。即便深挖植穴，植物仍不宜深植，應依植物原本的水平，決定栽種的位置。

種植前先挖鬆土壤

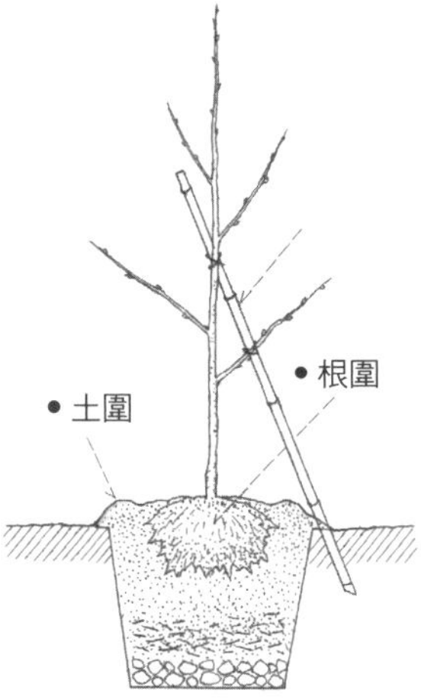

▲深挖植穴，底部放入肥料及有機質，將內部土壤挖鬆，讓根系更易伸展，種入後再立上支柱支撐即可。

百合球根需深植

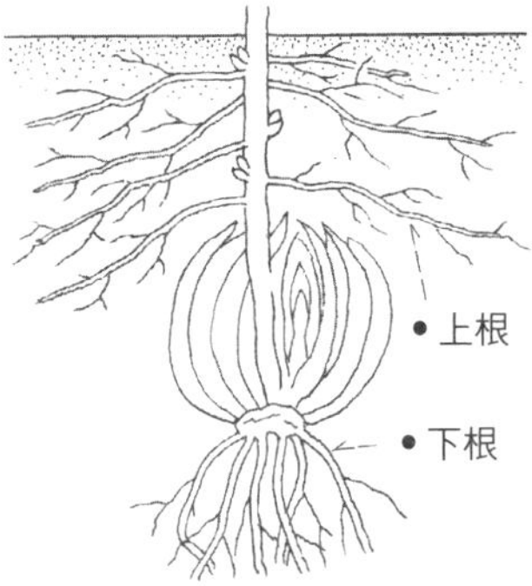

▲為了讓百合球根的上側及下側的根皆能獲得伸展，其栽種的位置需比一般的球根要來得深，尤其為了讓上根擴展延伸，應予以深植。

栽種時，植株需與土壤保持水平，為什麼？

花草 樹木

要訣 **植株與土壤保持水平，可避免生長歪斜或造成根系缺氧。**

除了一些必須深植的植物以外，一般而言，無論是將幼苗栽種於盆栽或是地面，栽種時，植株的位置皆需與地面保持水平。

若栽種的位置過淺，根部上方露出土壤表面，移動盆器時植物容易掉出來；若為地植，遇到風雨等自然災害時，容易受到侵襲破壞，導致整株植物脫離地面或是倒下等狀況發生。栽種的位置過深，容易導致上方根系缺少氧氣而陷入窒息狀態。**植株與地面保持平行栽種，不僅有助於植物整體的均衡，也能提高觀賞價值。**

植株如果沒有與地面保持水平、以適切的高度栽種，便容易為植物日後的生長帶來不良的影響。

栽種的鐵則

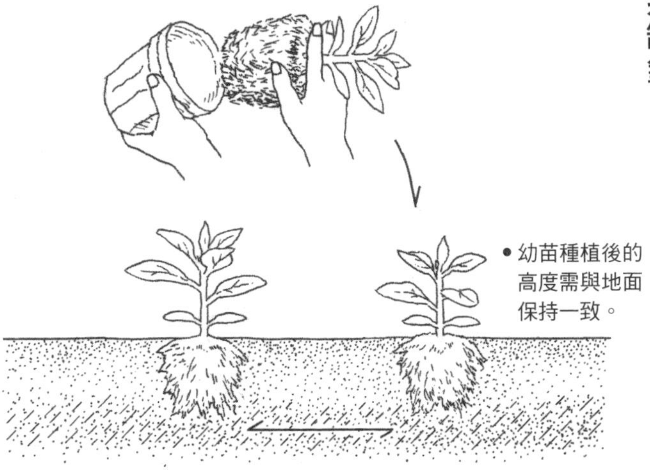

▲想像植物成長後其枝葉茂密的樣貌，考量幼苗間栽種的距離。

換盆時需要修根嗎？可否直接栽種？

要訣 依植物的種類與栽種的時期而異，有些需要修根，有些可直接種植。

定植前，為了日後根部能夠充分伸展，應加以修根，此為基本的養護法則。若因受限盆器而發生根部纏繞的情況，修根更是必需的作業。然而對某些植物而言，切根反而會帶來過大的損傷，應避免之。**如果根部較為脆弱易受傷，則可免去修根的工作，直接種下即可。**

此外，栽種時期亦對修根有所影響。若為植物休眠期（停止生長）的冬季，即使植物根部稍微受到傷害，對於日後的生長也不會造成影響，故可以確實地做好修根工作後再種植。

相對地，由於植物的旺盛生長期為春至秋天，此時期應避免修根，直接種植即可。依植物及栽種時期之不同，其根系處理方式亦有所異。

花草

樹木

不須修根的直接種植法

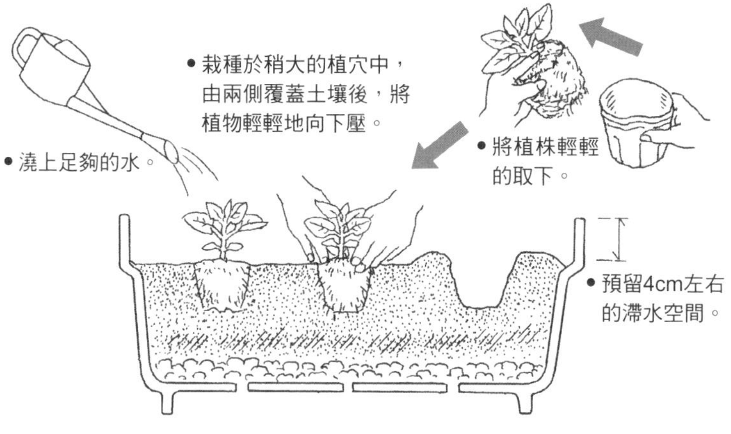

• 栽種於稍大的植穴中，由兩側覆蓋土壤後，將植物輕輕地向下壓。
• 澆上足夠的水。
• 將植株輕輕的取下。
• 預留4cm左右的滯水空間。

Column

根部盤繞在一起時，該如何處理？

花草 樹木

若將根部纏繞在一起的植株直接種下，可能會導致根部腐壞乾枯。

當根系伸展觸及盆底時，便會開始環繞著盆底周圍生長，此現象稱為「盤根」。當根系相互糾結在一起，就會導致不能分枝且木質化，而無法吸收水分，因此必須進行換盆的工作。

第一次的換盆應使用大型的盆器，栽種時需將盤結的根部做修剪，以利日後可以長出新根。根部盤繞的情形會因植物種類的不同而有所異，根部較為脆弱且難長出新根的植物，只需稍作修整，避免過度拉扯。

於植物生長期進行修根時，容易因為傷害根部、導致植株乾枯，應盡量避免，最好於休眠期進行。

盤根現象的修剪工作

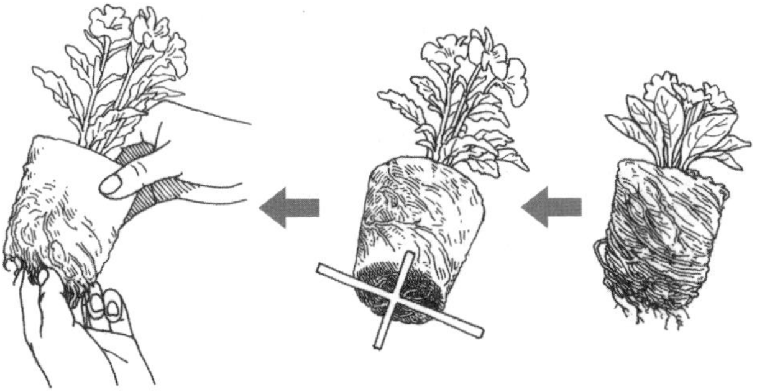

▲將植株取出，如發現根部變硬、根系密布且盤繞，即需進行修剪。

▲用剪刀或刀子在植株的底部劃一個十字型，需避免切得過深。

▲將手指伸入十字中心，輕輕地將纏繞的根疏開，並摘除變硬的部分。

移植時，根部需保持乾燥或潮濕？

花草
樹木

要訣

根部乾燥會導致根系喪失功能而無法伸展，移植前應保持濕潤的狀態。

進行移植工作時，應盡可能讓根部保持濕潤狀態，一旦根部變乾，便會影響其生長，並可能讓植物喪失原本應有的功能，無益於種植。

移植地點若為日照佳或通風良好處，應以沾濕的報紙包覆住植物的根部，保持濕潤狀態。此外，應先將土壤澆濕後再進行移植。澆水量不能過多讓土壤呈現積水狀態，以全面輕微濕潤為基準。冬天或較為乾燥的季節時，可以用噴水器或噴壺將盆土表面噴濕。

若為地植樹木，則應於植穴注滿水，讓土壤可以充分包覆根部，順利生長。

移植時，避免根部乾燥的方法

▲植株吸水法

直接將植株放入裝滿水的水桶中使之下沉。藉由植株的重量向下吸水，勿以手壓使之下沉。

▲土壤吸水法

挖好植穴後注水。讓植穴表層的土壤也能吸飽水，注水量為浸透全部的植穴為止。

Column

移植後，該如何澆水？

根部若長期處於濕潤的土壤中，會抑制生長，乾溼交替有助根部旺盛成長。

栽種後立即澆入大量的水，之後需待土壤表面呈現乾燥狀態再給予水分。因為乾燥的土壤，可以促發植物為求水而長新根，根部也可以向土裡伸長。**若土壤一直保持在濕潤的狀態，根部便不會因為需要水分而向土裡伸長，導致根部發育不發達。**根部發達且生長完全，可以促進日後的生長功能，長成茁壯的植物。

若為盆栽，需確定盆底的水已排乾後，再澆上大量的水。藉由排水過程，能讓空氣進入盆栽內土壤粒子間的縫隙。正確澆水方式，能讓新鮮的空氣及足夠的氧氣進入盆栽內，促進植物的呼吸作用，讓移植後的植株能快速成長。

移植後，盆中水分的狀態

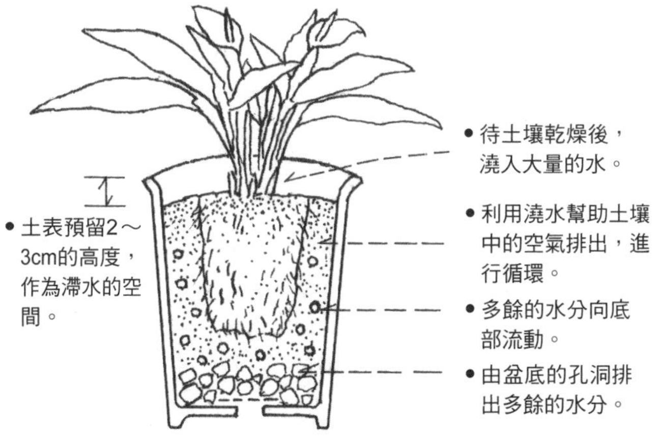
• 土表預留2～3cm的高度，作為滯水的空間。
• 待土壤乾燥後，澆入大量的水。
• 利用澆水幫助土壤中的空氣排出，進行循環。
• 多餘的水分向底部流動。
• 由盆底的孔洞排出多餘的水分。

花草
樹木

移植後，如何讓土壤變得密實？

樹木

要訣 在植株周圍加滿水，或是插入枝棍攪動，使土壤與植物根系更為緊密。

為確保樹木移植後能夠順利生長，根系與土壤間是否緊密貼合非常重要。栽種方式可分為「注水法」及「充土法」。

一般較常使用的方式是「注水法」，將樹木置入植穴定位後，將土壤回填至植穴的1/2至2/3的高度，再灌入大量的水，使根部與土壤充分緊密貼合，待水消退後再將土壤填滿，並用腳輕輕踩踏平整，最後再用土將四周稍微堆高。

相對地，「充土法」則不是用水，而是在植株和土壤縫隙間，以多點分散的方式戳入枝棍攪動，利用外加壓力使植穴土壤變得密實。

「注水法」適用於澆水後不會黏結變硬的砂質壤土；「充土法」則適用於黑壤土、黏質土，及喜歡乾燥的針葉樹種。

注水法的栽植方式

1
植穴為根球的2倍寬，深為1.5倍。將土壤回填至植穴的1/2～2/3高。

2
在植穴內灌入大量的水，再將土壤填至約一半的位置。

3
澆水後將剩下的土覆蓋完畢，用腳將表土輕輕踩踏平整。

4
將植株周圍稍微堆高，形成一個土圍，再次澆水，幫助根部與土壤緊密貼合。

Column

土圍（水缽）的功用是什麼？

讓水分有效滲透根系，避免植株失水。

移植時由於可能會切除部分根部，或是根系意外損傷，會使根部吸水力大幅下降。即使有進行枝葉修剪，減少水分從葉片蒸發，但由於根部的吸水力與葉子的蒸發量仍處於不平衡的狀態，會導致葉片枯萎，為了預防上述情形發生，可製造一個土圍。

植物移植後，沿著植株的周圍挖一個土圍，幫助水分能集中流入植株四周的土壤裡，而不會向外擴散流失。植株正常成長前，應定期將水注入土圍裡，讓水分可以浸透根部。

製作土圍的方式

▲在植株周圍注入適量的水分，並用手輕輕搖晃植株，使其與周圍的土壤能夠更加密合。

▲在植穴的周圍以土堆高，圍成一個土圍。

樹木

如何增強幼苗的生長力，長得更好？

花草　樹木

要訣▼壓土、疏根、固定，掌握小技巧，讓幼苗順利成長。

種植的過程中可以利用許多技巧，幫助幼苗更加輕鬆、順利的成長。

❶施用植物活力素▼將根系浸泡在含有微量元素及維他命的植物活力素後，再進行後續的栽種工作。植物活力素具有促進根部伸長、修復及減輕移植時所帶來的損傷等效果，使用時通常需加水稀釋。

❷整理盤根▼讓原本糾結在一起的根部獲得舒展，以利新根的伸長、促進枝葉的成長。

❸固定幼苗▼栽種後，應以枝柱等工具固定幼苗，使其根部能夠順利地生長。

❹輕壓土壤▼栽種後，以手輕壓或以腳輕踩地面再進行澆水的工作，讓土壤和根部能夠緊密貼合。輕壓過後的土壤，幼苗較不易搖晃，有利快速成長。

❺置於遮陰處▼栽種後應放置於遮陰處數日。若置於日曬處，因葉片的水分蒸發量變多、根部吸水量不足，易導致植物缺水枯萎，需多加避免。此外，需避免吹風，降低植物的水分蒸發量。

❻避免施肥▼栽種後根部可能會有受傷、受損等情形，應先暫時停止施肥。

上述的方法，可以擇其一或是相互搭配使用，就能幫助植物長得更好，享受開花結果的樂趣。

讓幼苗順利成長的小技巧

▲固定幼苗
利用枝棍固定幼苗，避免風吹搖晃或倒下。

▲施用植物活力素
栽植前，先將根系浸於以水稀釋過的活力素中，可促進根部快速生長。

▲以簡易設施保護
避免因日曬、風吹增加水分的蒸發量，導致根部受損。應放置於半日陰無風的地方。

▲輕壓土壤
輕壓地面土壤，幫助土壤和根部更加緊密貼合，有助於幼苗快速生長、不易枯萎。

▲整理盤根
摘除硬化、纏繞的盤根，讓根部獲得伸展。

栽種後或移植後，需避免吹風？

花草

樹木

要訣 **若根部有受損，吹風會加速水分蒸發，應盡量避免。**

在栽種或移植的過程中，容易發生斷根或根部受損的情形。一旦根部受傷嚴重，葉子、枝幹就會變少，甚至出現葉子掉光的情形。避免風吹是為了防止根部吸取水量減少時，與葉片的水分蒸發量無法平衡。

此外，由於剛移植的植物，其根部尚未伸展產生抓力，強風一吹容易傾倒，甚至連根拔起。為了促進植物快速生長，應使用枝棍固定之。

風亦容易摩擦葉面造成受損，進而導致枯萎或生病等情況，因此栽種的過程中，應盡可能地減少風吹的機會。

移植後的管理方式

▲放置窗邊

冬天應放置於窗邊等日曬處，待春天來臨即可移至屋外。

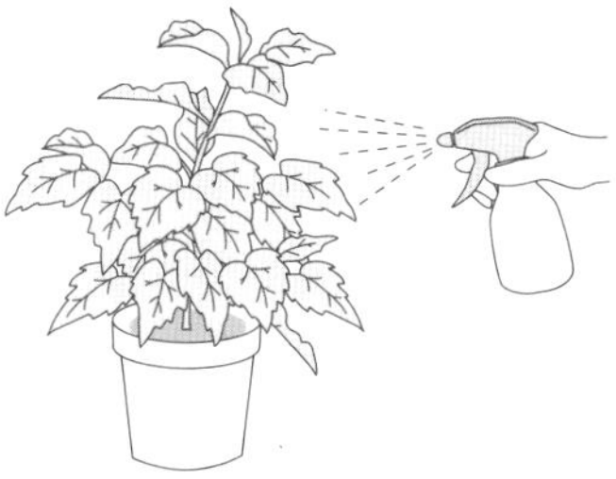

▲噴水

可以在觀葉植物的葉片表面噴水，減少水分的蒸發。

避免幼苗受到冷熱侵襲的防護方式

▼紗網（遮陰網）

主要功能是遮蔽日曬，具有隔熱及防止害蟲等效果。有白色、黑色、銀色等各種顏色及材質。

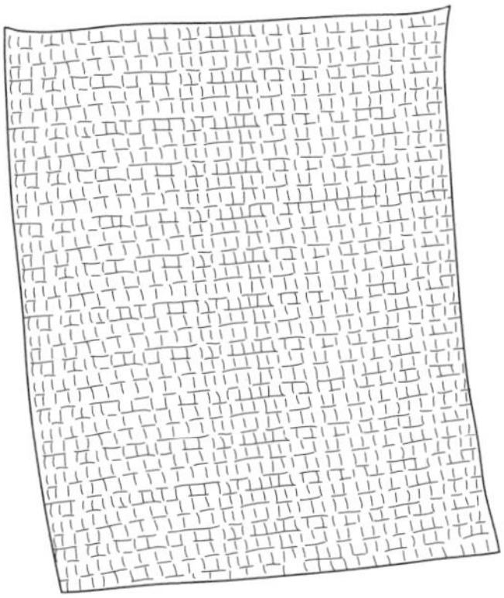

▶隧道式簡易設施

可以保護幼苗免於遭受霜、寒風、強烈日曬及害蟲的迫害。多為塑膠材質，但亦有不織布及網狀材質。需適時於白天打開，進行換氣。

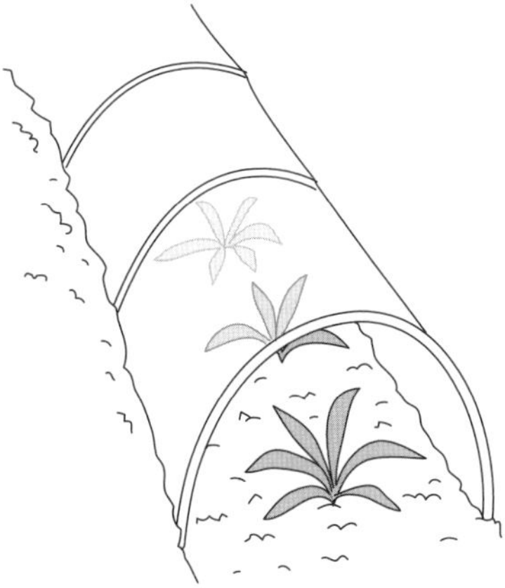

▶幼苗遮蓋

簡易設施網的單株樣式。由於中午容易過熱，需要開啟使其透氣。

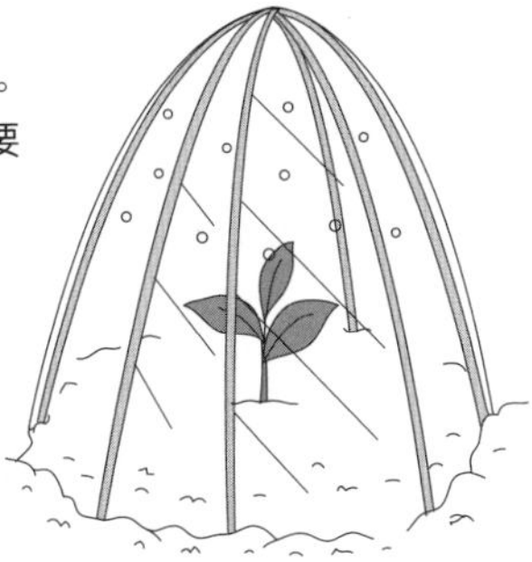

何時為購買球根的最佳時機？

花草

要訣 秋植球根應於九月下旬後購買、春植球根則於三月中旬後購買為佳。

由於秋植球根通常於十月上旬至十一月上旬的這段期間栽種，所以約莫九月下旬購買即可。若於九月上旬購買，由於距離栽種還有一段時間，應放置於冰箱冷藏或置於涼爽的房間。建議盡量避免過早購買。

由於春植球根大多產於亞熱帶或熱帶，應避免於寒冷時期購買。但是春植球根多半集中在三月下旬到六月這段期間栽種，所以可於春天的春分之日（3/21春分日的前後三天）購買球根。

若過早購買百合等球根，於栽植前，可先埋在乾淨的川沙或蛭石等含有輕微濕氣的介質裡，避免乾燥。購買時，應配合栽種的季節，挑選狀態良好的球根。

球根的栽種時期&栽種深度

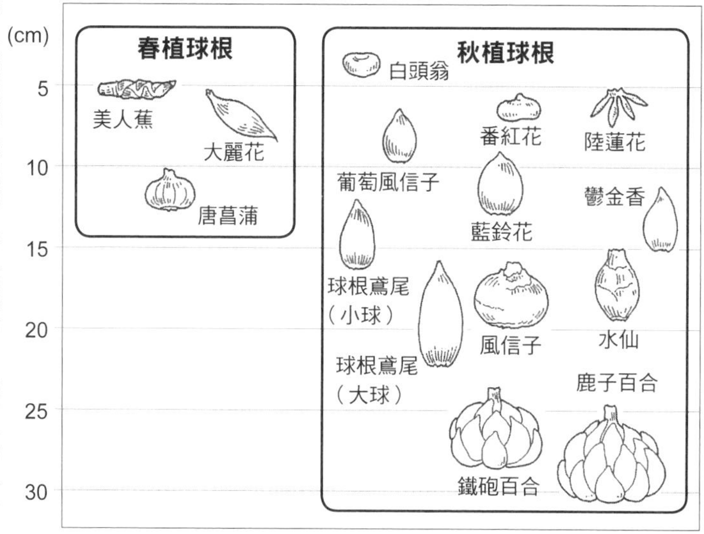

(cm)
5
10
15
20
25
30
春植球根
美人蕉
大麗花
唐菖蒲
秋植球根
白頭翁
番紅花
陸蓮花
葡萄風信子
鬱金香
藍鈴花
球根鳶尾（小球）
風信子
水仙
球根鳶尾（大球）
鹿子百合
鐵砲百合

註：此篇的種植時期依日本氣候推估，台灣需斟酌延後。

Column

如何挑選健康的球根？

花草

選擇形狀飽滿有彈性、無病蟲害的球根。

挑選球根時，需觀察形狀是否飽滿、沉重，有無任何損傷或病蟲害，尤其是發根及發芽的部位，需特別留意是否有受傷或任何病蟲的侵害。

鬱金香球根有一層褐色的外皮，挑選外皮無剝落者為佳。百合的球根由於本身缺乏外皮的保護，直接暴露於外容易導致缺水乾燥，所以店家通常會放置於有木屑或蛭石的塑膠袋中保存，以確保濕度，如遇到店家直接暴露於外，應避免購買。

此外，即使球根很大，但也極有可能是由母球所分出的二至三個子球（分球）之一，在挑選時應多加留意。因為分球後，球根會因為要長大，反而不易開花，即使開花多半也是極小的花朵。

如何挑選良好的球根

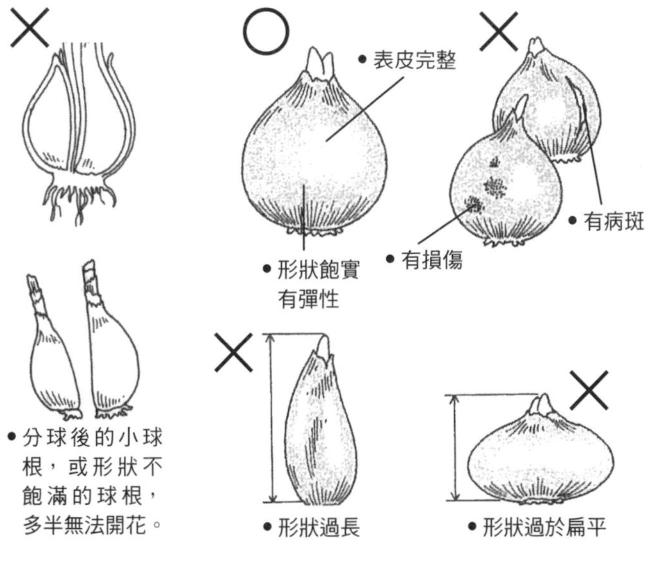

×
○
表皮完整
形狀飽實
有彈性
×
有病斑
有損傷
分球後的小球根，或形狀不飽滿的球根，多半無法開花。
×
形狀過長
×
形狀過於扁平

球根種植後，需要挖取出來嗎？

要訣 若球根可適應當地的天氣與環境，栽種後可不用挖掘出來。

球根如果開花結果後，可以適應當地氣候，可不必挖出，若無法負荷則需挖出。例如，春植球根若於夏天開花後，無法負荷冬季降臨後的寒冷，則應將之取出，若具備耐寒性，則可不必挖取出來。秋植球根亦然，以春天開花後，能否負荷炎夏高溫多濕的氣候，來決定是否挖取出球根。秋植球根的原產地通常位於地中海沿岸地區，而地中海沿岸的氣候又為冬雨類型，植物會在有雨時期生長（長葉、開花），而初夏至秋天缺乏雨量的時期，則以球根所吸取貯藏的養分及水分度過休眠。

於休眠期間會因雨量與高溫環境而影響生長的球根植物，就必須挖掘出來。於休眠期間不受環境影響的植物，如番紅花、葡萄風信子、水仙，則可不必挖取。挖取球根的時機也需特別注意，**如果沒有在適當的期間內進行挖取工作，可能會導致植株枯萎**，或因拔掉枯莖部掉落造成球根坑洞，而滲入雨水，導致球根腐爛。若是原本就不需進行挖取工作的球根，應盡早摘取地上的部分，並以土壤覆蓋拔掉莖部所造成的洞孔。

球根開花後，應於結果前將花朵摘除，因在結果的狀態下，會消耗球根養分，影響下次的生長。若為不需挖掘的球根，在摘花後，直至葉片變黃為止，皆不需多加處理。

種植後不用挖取出來的球根

球根鳶尾、孤挺花、酢醬草、美人蕉、番紅花、原種鬱金香、藍鐘綿棗兒、水仙、雪片蓮、鈴蘭水仙、蔥蘭、雪光花、花韭、紅花石蒜、葡萄風信子、百合等。

▲水仙

▲花韭

▲西班牙藍鈴花

雪片蓮適合的栽種位置

▲選擇闊葉樹的樹冠下方樹陰處，晚秋至早春時期能接受充足的日照。將球根埋至土壤下約 5～8 cm處，尖端朝上種植，再以腐葉土覆蓋土面。

挖掘出的球根，如何保存？

花草

要訣 秋植球根應置於陰涼處，春植球根則應避免低溫的環境。

挖掘出來的球根正要進入休眠或正處於休眠的狀態，應將其置於不會被喚醒的環境下保存。此外，休眠期間還需注意避免發生腐壞的情形。

秋植球根應放置於陰涼的場所，避免悶熱環境；春植球根多產於亞熱帶及熱帶氣候，適合高溫的環境條件，故應避免置於冰冷的低溫環境中。但這並不代表球根需要溫暖，因為一旦溫度過高，就會使原本處於休眠狀況的球根開始呼吸，消耗養分。

通常我們會將挖出來的球根充分乾燥後，放入網狀的袋子，並置於通風的陰涼處。**唯獨百合、王冠貝母、大麗花、美人蕉等不適合乾燥的環境，應將其放置於木屑、蛭石中保存。**

保存鬱金香球根的方法

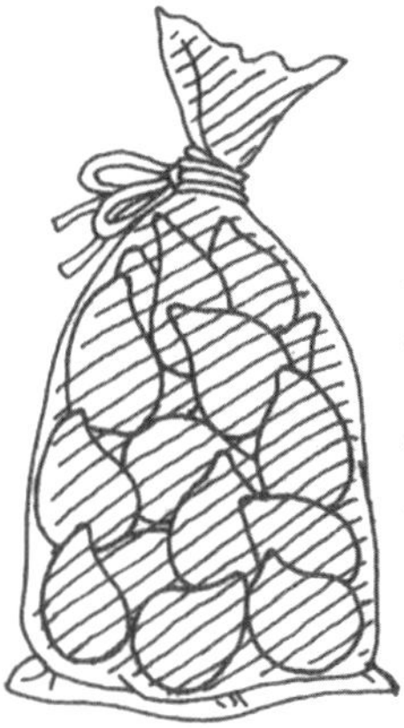

◀花謝後剪掉花梗，待葉子枯黃後挖出球根，將較老的球根和其他小球根摘除，留下較大且飽實的球根，放入網袋，掛於通風良好的陰涼處，以利乾燥。

Chapter

3

施肥與澆水的重點

澆水、施肥是日常管理中最基本的環節，
適時、適量的拿捏非常重要，
若不小心施予過量，將會造成負面影響。

植物一定要施肥嗎？

要訣　肥料能補充植物所需的氮、磷、鉀，幫助生長。

植物無法和動物一樣，可以自行尋找食物，為了維持生命及生長，其所需的養分必須仰賴自身製造。植物以光合作用的方式進行養分的製造，又稱為「二氧化碳同化作用」，吸收二氧化碳和水後，藉由光能製造氧氣及碳水化合物，而製造出來的碳水化合物可作為動物的食物。

僅有二氧化碳、水及氧氣，仍不足以讓植物生存。植物生長尚需其他養分，如構造蛋白質與酵素的氮，以及磷、鉀與其他要素，可由土壤吸取獲得。不過不論哪一種性質的土壤，皆無法經常保有上述的養分，因此必須予以補給。

植物對於氮、磷、鉀的需求量極大，故稱為「植物生長三要素」，在植物的生長期間，應經常施加肥料補充。

植物生長三要素

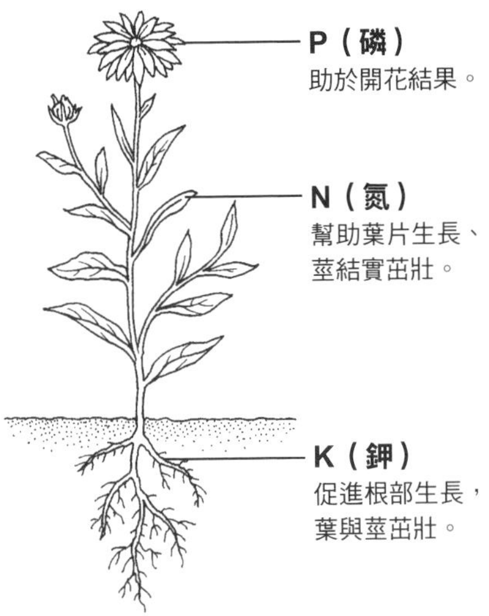
P（磷）
助於開花結果。
N（氮）
幫助葉片生長、莖結實茁壯。
K（鉀）
促進根部生長，葉與莖茁壯。

▲氮、磷、鉀分別提供植物不同的養分需求，若不足時，植物無法健全生長，且因衰弱易受病蟲害侵入。

Column

花草 樹木

除了氮、磷、鉀，植物還需要其他要素嗎？

鐵、錳、銅等微量要素，也是植物生長中不可或缺的必要元素。

植物除了需要大量的氮、磷、鉀外，其他像是碳、氫、氧、鈣、鎂、硫等等，也是不可或缺的重要要素。另外，植物還需要一些微量的必要元素，像是鐵、錳、銅、鋅、硼、鉬、氯等。

微量要素對人體而言就好比維他命一般，只需要極少的量，但對於植物來說卻是不可或缺的要素，其中鐵和錳是植物在進行氧化還原反應作用時所必須之要素。一般而言，富含有機質的土壤鮮少出現缺乏微量要素的情形，但若出現土壤酸鹼值不平衡，或連作無休耕等情形，就會引發微量要素缺乏症。缺乏時通常可以從新芽或新葉上察覺到異狀，如葉片枯黃、變形及萎縮等，需多加留意。

常見的必要微量元素

〔錳〕

可催化合成葉綠素，並可促進光合作用。在呼吸過程中促進氧化作用，達到代謝氮素、同化碳水化合物及形成維他命C等。缺錳會導致葉片黃化，擴散至葉脈逐漸變黃褐色。

〔硼〕

與細胞分裂、花粉受精有關，並有助於氮、鉀、鈣之吸收。此外，亦有保護導管的作用，使水分代謝通暢。缺硼會導致莖葉厚而脆，先端部黃化阻礙生長。

〔鐵〕

與葉綠素之形成息息相關。缺鐵會導致葉片變黃或變色，並導致生長中的新芽無法長大、萎縮等。

有機肥料、化學肥料，哪一種好？

花草 樹木

要訣 **依植物生長所需，施予不同的肥料，可達到最好的效果。**

植物所需的養分與成分比例不同，因此各式各樣的肥料因應而生。肥料依組成效果、形狀、成分等，可分為許多種類：**依效果分為「速效性」與「緩效性」；依型態分為「液態肥料」與「固態肥料」；由動物的殘骸、排泄物或是植物的枝葉、樹皮等，分解發酵而成的「有機肥料」，及化學原料合成的「化學肥料」等。**

化學肥料有硫銨（硫酸銨、銨態氮肥料）、硝銨（硝酸銨、包含硝酸態氮與銨態氮）、硫酸鉀、尿素（尿素態氮）等種類。市面上的化學肥料，大多是由三大要素（氮、磷、鉀）中兩種以上要素合成，並且會標示三大要素的比例，譬如8-8-8是代表肥料成分中氮、磷、鉀各含有8％之意。

氮可促進葉子與植株的生長，因此亦稱為「葉肥」。磷是構成植物體不可或缺的成分，常用於花或果實的增長，也稱為「花肥」或「果肥」。鉀有助於增強植物細胞壁，並且促進根部發達，抑制徒長，也稱為「根肥」。依照植物的生長階段與成長狀況，應調整三種肥料的使用比例。

化學肥料經過精準的調配，使植物能更快吸收，達到立即的效果，不過維持的時間也較短。市面上亦有可維持較長效果的緩效型化學肥料，有的可維持二～三個月，甚至一年以上，一般而言，家庭園藝用的肥料以緩效型居多。

市面上也有依使用方式、植物生長狀況及植物種類等特性，設計出各種不同成分的肥料。專門給特定植物使用的肥料亦相當受歡迎。

可依植物種類或時期施以不同的肥料，例如，嚴冬時期施予的寒肥是以有機油渣製成的固態肥料；春天至秋天為高溫多濕、易生黴菌的季節，則可改施用液態肥料。

家庭園藝常見的有機肥料

種類	肥料成分比例（%）			
	氮N	磷P	鉀K	
油粕	5～7	1～3	1～2	以氮為主的緩效性肥料。除可作為基肥使用之外，加入30%～50%的骨粉提高效用。
乾燥雞糞	3	5～6	3	以磷為主的速效性肥料。可當作基肥或追肥使用，但需小心使用過量。
骨粉	3～4	17～24	—	以磷為主的緩效性肥料，適合作為基肥。搭配油粕使用可以更為均衡，效果更佳。
魚粉	7～8	5～6	1	屬於速效型的基肥。需與土充分混合，以避免被蟲或鳥吃掉。
米糠	2～2.6	4～6	1～1.2	價格便宜，適合作為基肥的緩效性肥料，亦能於堆肥時作為促進發酵的材料。
草木灰	—	3～4	7～8	鉀為其主要成分，可作為基肥或追肥的速效性肥料，常用在果樹或各種果實類。偏鹼性，也能用來調整酸鹼值。

各種肥料

▲有機肥料
以油粕為主要成分的有機固態肥料，每顆成分比例平均，便於使用。

▲化學肥料
一般常見的化學肥料，氮、磷、鉀的含量比例相同。

化學肥料不能大量施用，為什麼？

花草

樹木

要訣

一次性的施用大量化學肥料，會導致土壤有機質減少，應定期定量使用為佳。

大量施用化學肥料，會使土壤的有機質含量減少，進而導致土壤劣化。土壤中的微生物仰賴分解植物的殘骸而存活，若有機質多，則土壤微生物也會隨之增多，微生物活躍活動之處可為土壤帶來細小的縫隙，有助於土質變得鬆軟。

若施用大量的化學肥料，會造成硝酸態氮的累積，由於氮素對土壤微生物有害，會破壞土壤原本的生態平衡，一旦有助於植物生長的微生物驟減，便會形成特定病源菌或害蟲容易侵入的環境。

長時間施用大量的化學肥料會造成土壤變硬劣化，進而造成有用的微生物減少，一旦有機質數量減少，會導致土壤變得貧瘠，不適植物生長。

補充有機質的方法

1

將已發酵的腐葉土平均鋪於盆器。

2

做好充分混合的工作，土壤便會變得鬆軟。

Column

「基肥」與「追肥」，有何不同？

肥料依其用途而特製，施用時應有所區分。

栽種植物前，混入土壤中的肥料稱為「基肥」；栽種後視生長情況予以補充的肥料稱為「追肥」。

一般而言，基肥會選用效果較為持久的緩效性化學肥料，或是具有長效性效果的有機肥料。在氮、磷、鉀三要素的比例上，磷的比例高一點為佳。由於有機肥料需經過發酵、分解，所以施肥後需經過一段時間，才能看出其效果，於基肥時使用，剛好可在生長期間持續維持效果。追肥建議選用速效性的液態肥料，或是兼具速效性與緩效性的粒狀或固態化學肥料。

肥料的施用，仍應視植物的種類及當時的生長狀況，選擇適合的肥料。

基肥的施用方式

▶盆器的基肥方式

將基肥與培養土充分混合後，再將植株種入。

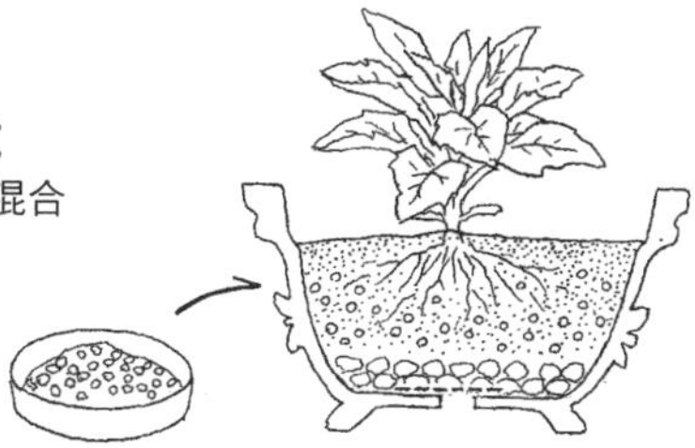

▼庭園裡的基肥方式

先放入基肥，在肥料上方鋪上一層土壤，避免讓根部與肥料直接接觸。

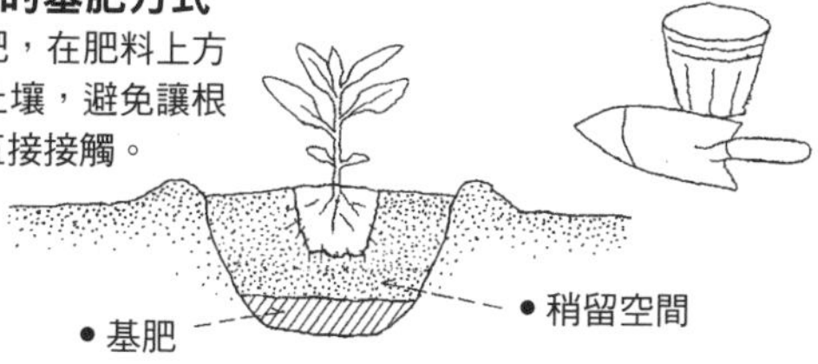

花草

樹木

液態肥料可帶來立即效果？

要訣 **利用植物最容易吸收的方式，達到快速的效果。**

施用肥料時，**肥料中的有效成分必須溶於水中方能見效，**固態肥料亦是如此，必須經過澆水，使其溶於水後，才能開始發揮作用。

肥料成分溶解於水後，以負離子的方式讓植物由根部連同水分一起吸收。對植物來說極為重要的氮素肥料，便是以硝酸根離子（NO_3^-）之負離子狀態溶於水中，由植物的根部吸收。植物在取得硝酸根離子後，於體內轉換為銨離子（NH_4^+），作為合成胺基酸之用途，而形成蛋白質。

液肥以植物容易吸收的方式，將肥料成分溶解於水中，因此可以快速達到效果。通常會加水稀釋再使用。

液態肥料的施用方式

▲液態肥料可帶來快速效果
將液肥依指示稀釋後，如同一般澆水方式施於盆土中。若由葉面吸收肥料，則可使用噴灑器直接噴灑於葉片上。

花草 樹木

不可在白天施灑液態肥料？

要訣 **若在炙熱的白天施用液態肥料，反而會使植物加速枯萎。**

液體肥的施料用時間，最好於一天之中氣溫較低的清晨或是日落為佳。若於白天乾燥的土壤中施用，因水分蒸發快速，一旦液肥濃度過高，與根部體液之間的滲透壓便會拉大，土壤會奪取滲透壓較低的根部水分，導致根部缺水或乾枯等情形。

此外，由於土壤中水分的流動是由下至上，若於乾燥的土壤中，或是豔陽下施用肥料，因蒸發作用會導致土壤表面出現肥料成分集積的情形，該現象又稱為「鹽類蓄積」，常出現於乾燥的土壤。一旦在乾燥的沙漠地施用過多的化學肥料造成鹽類蓄積，便會使土壤呈現鹼性。

若上述情形出現在盆栽或是狹小的庭園中，會對植物帶來莫大的損傷而導致枯死。

高溫豔陽下避免施用液態肥料

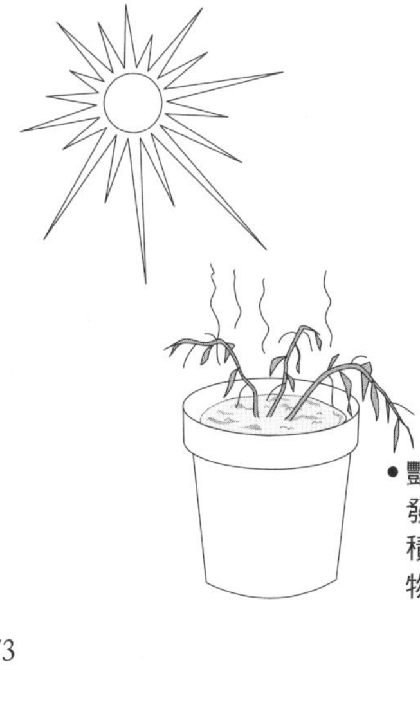

●豔陽下水分快速蒸發，會使肥料成分蓄積於土壤表面，對植物造成莫大損傷。

肥料需與植株保持距離？

要訣

於植物近距離處施用大量的肥料，反而會導致乾枯。

施用肥料時，需與植物根部保持距離，若直接施放在根部位置，肥料溶於水後的高濃度成分會奪走根部水分、破壞根部細胞，使其無法吸收養分及水分，導致植物枯死，稱之為「肥傷」或「肥燒」。

當施放的肥料與植物保持適當距離，溶於水中的肥料傳送到根部時，肥料的濃度也會變得較稀，就不易造成肥傷。**如果已經出現肥傷症狀，可改用較為緩和的緩效性化學肥料，降低傷害的可能。**

樹木的施肥方式

〔樹木盆栽的追肥方法〕

- 液態肥每個月施用2～3次。

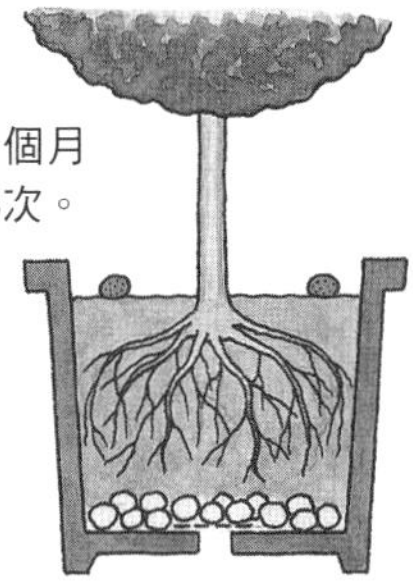

▲固態肥每30～40天施放1次，將肥料施放在靠近盆器邊緣的位置。

〔庭園樹木的追肥方法〕

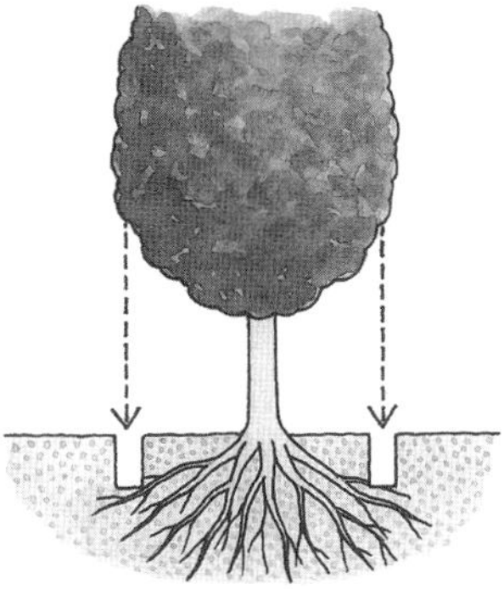

▲植物由根部前端的細根負責吸收肥料，故在樹冠外側的正下方挖溝施肥，效果最好。

栽種後不能立即施肥？為什麼？

花草 樹木

要訣

栽種初期的根系可能受到損傷，施肥反而會造成根部腐壞。

在栽種的過程中，即使已謹慎進行，難免還是會不小心弄斷根系，造成損傷。對於受傷斷裂的根系而言，需要的是重新修復調養。如果此時施肥，根系不但無法吸收肥料養分，還會由該部位開始腐爛並蔓延，導致植物損壞，最後枯死。

所以栽種後，為了避免前述情形，先供給所需水分即可，讓植物重新獲得修復。如在此時施加肥料，反而會阻礙水分的吸收，所以栽種後應避免立即施用肥料。

種下幸福的種子

我曾經詢問過園藝相關科系的學生，為什麼會對花草樹木產生興趣？大部分的同學都是因為孩提時期看到祖父母或父母常常在種花剪草，耳濡目染下對花草世界開始感到興趣。

我自己也是在小學時受到了愛好花卉的祖母影響，踏入了園藝的世界，當時祖母送給我的仙人掌，那份感動心情至今記得，可見年幼時期的美好經驗，會影響一個人一輩子。

為了提升孩童對花草樹木的興趣，日本農林水產省正推廣「花卉教育」的相關活動，可惜現階段的活動僅止於教學者與孩童，大多數的父母尚未有機會接觸，希望未來有機會，能引領更多父母一同進入園藝的世界。

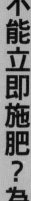

氮肥過量，會帶來負面效果？

花草

樹木

要訣 **氮雖是植物不可或缺的要素，但施用過量反而會造成植株生病。**

氮肥是構成植物體及促進營養生長不可或缺的肥料之一。然而若施用過量，會造成植物生長過於旺盛，反而會抑制某些植物開花結果的情形。例如南瓜、絲瓜等蔬菜（果菜）類，會因生長旺盛而無法開花，且果實品質不佳。**氮肥施用過量亦會造成植物徒長，成為易生病的虛弱體質，抵抗力變弱的同時，就容易得到白粉病。**

對這些植物而言，在營養生長期間，氮素是不可或缺之要素，對花和果實而言亦是如此；然而在生殖生長期間，就必須留意氮肥的用量。若欲培育出不易生病且茁壯的植株，就必須留意肥料成分間的均衡。

氮肥施用過量帶來的病害

▲南瓜瘋長

南瓜等瓜果植物的氮肥施用過量時，容易導致藤蔓生長非常旺盛，葉子過於茂密，但無法開花結果。

▲白粉病

由真菌所引起的病害，莖、葉及新芽等部位，被白粉覆蓋而呈現白色。一旦蔓延開來會使植物生長大幅衰退。施用過量氮肥，就易感染白粉病。

肥料是否有使用期限？該如何保存？

花草 樹木

要訣 肥料應放置於陰涼處保存，開封後盡早使用完畢。

肥料不易變質，大部分沒有所謂的使用期限，因此通常只會標示製造時間。不論是化學肥料或是有機肥料，皆需經由水分分解才會改變其性質，沒有接觸水分便不會產生變化。

不過開封後，一旦接觸到空氣中的濕氣或水分就會開始進行分解並產生質變，甚至可能發霉。此外，過強的日照與光線，也會導致肥料變質。

所以肥料雖然沒有明確的使用期限，但為避免隨著置放時間越久，改變其性質或效果，開封後應盡早使用完畢。保存時應避免陽光直射，置於陰涼處為佳。選購時應留意製造日期，避免購入製造日期過久的商品。

肥料使用期限的標示

▲有機肥料的外包裝內側或側邊通常會標註製造年月。雖然化學肥料不易劣化，但是開封後仍應盡快使用完畢。

Column

固態肥料長出黴菌，該怎麼處理？

若施放於植栽上的肥料長出黴菌，應立即將黴菌挖除。

如果將固態肥料放置於濕氣高的地方，或是當梅雨季節來臨時，就容易孳長出黴菌。黴菌的種類繁多，有些會分解肥料成分，有些則不會造成任何影響。但是有些黴菌可能會阻礙植物的生長，所以即便在固態肥料中發現微小的黴菌，也應立即除去。

以油粕為主的固態肥料，若梅雨時期未將封口確實地密封好，便易孳生黴菌，黴菌孳生情況嚴重時，除了可能會降低肥料之效用，還會有害植物，因此建議丟棄不用。

開封後的肥料應將封口密封或放入密封罐中，並置於乾燥處保存。

將固態肥埋入土中，避免長出黴菌

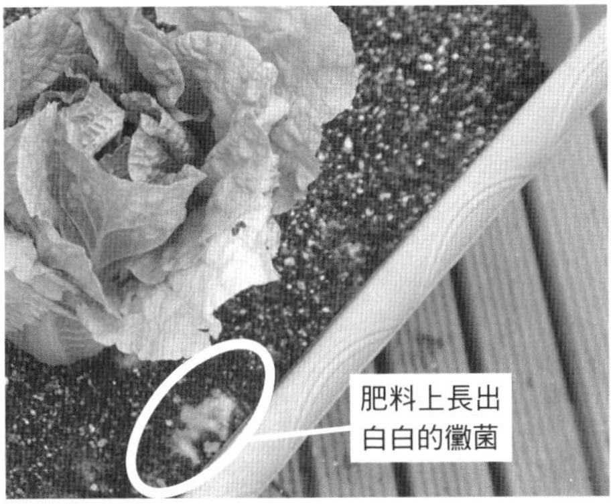

▲施放固態肥料時，最好將肥料與土壤充分混合，如欲直接施放，需再用土壤覆蓋，避免長出黴菌。

花草 樹木

肥料可噴灑於葉面嗎？

要訣 可以。由葉面直接吸收的「葉面施肥法」，也能帶來施肥的效果。

植物表皮層覆蓋的角質層，可限制水分由外部滲入，並抑制葉內水分蒸散。葉面上的氣孔，可幫助水分吸收，葉面下也有為數眾多的細孔，噴灑在葉面上的肥料可經由該細孔吸收，該孔稱為外間絲，或是也可從葉緣水孔吸收。

適合用於葉面施肥法的肥料有尿素及氮肥，其他像是鈣、硼、錳、鐵等也適用，不過依植物種類的不同，效果也會有所差異。

由於仙客來的根部不耐夏日高溫，無法吸收鈣質，一旦缺乏鈣質，葉尖就會轉為褐色，出現葉尖燒焦的症狀。此時最佳的解決方法便是將鈣質噴灑於葉面，以利植物吸收。此外，蘋果若含鈣率高，可防止收穫後果實腐壞。

葉面施肥法

▲液態肥料可經由葉子吸收。若希望可以有立即的效果，可使用灑水器噴灑葉面，其方法為在植物根部加入液態肥料後，再由上方葉面噴灑至整株植株。

肥料能自製嗎？需要哪些原料？

花草

樹木

要訣 **利用落葉、家畜糞尿，就能自製好用又有效的有機天然肥料。**

「堆肥」是指利用微生物將堆積而成的有機質分解成有利於土壤的肥料。

可製作堆肥的原料有稻草、家畜糞尿等。以稻草與落葉等堆積分解而成的方式稱為「堆肥」、以家畜糞尿為主原料的稱為「廄肥」，其他農業以外的有機廢棄物也可以製作成堆肥。**堆肥具有改良土壤環境的效果，又以家畜糞尿的堆肥成效最為顯著。**

堆積物在含氧量足以生長的高溫環境下進行分解，會產生容易揮發的氮氣，為了抑制氮氣的揮發，在有機質中混入土壤，以低溫緩慢的方式進行熟成，即形成「伯卡西（Bakashi肥）」。讓油粕等有機肥料，在含氧量足夠的狀況下短期分解，使其產生效果，就是「Bakashita 肥料」。由於是將土壤與之混合後發酵，所以肥料的濃度較低，不會對根部造成傷害。

堆肥法

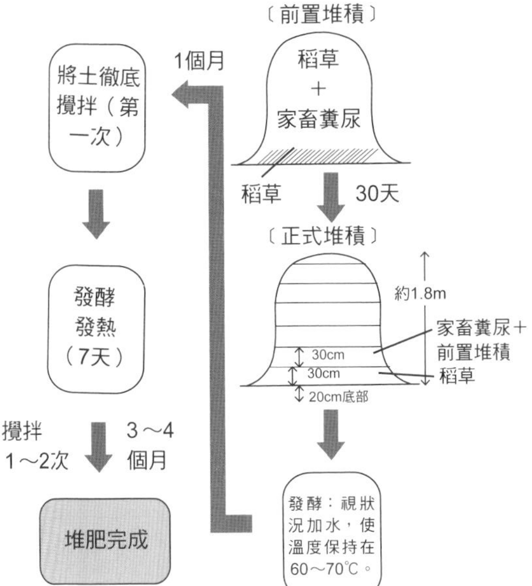
〔前置堆積〕
稻草
＋
家畜糞尿
稻草
30天
〔正式堆積〕
約1.8m
家畜糞尿＋
前置堆積
稻草
30cm
30cm
20cm底部
發酵：視狀況加水，使溫度保持在60～70℃。
1個月
將土徹底攪拌（第一次）
發酵
發熱
（7天）
攪拌
1～2次
3～4
個月
堆肥完成

枯草稻稈堆肥法

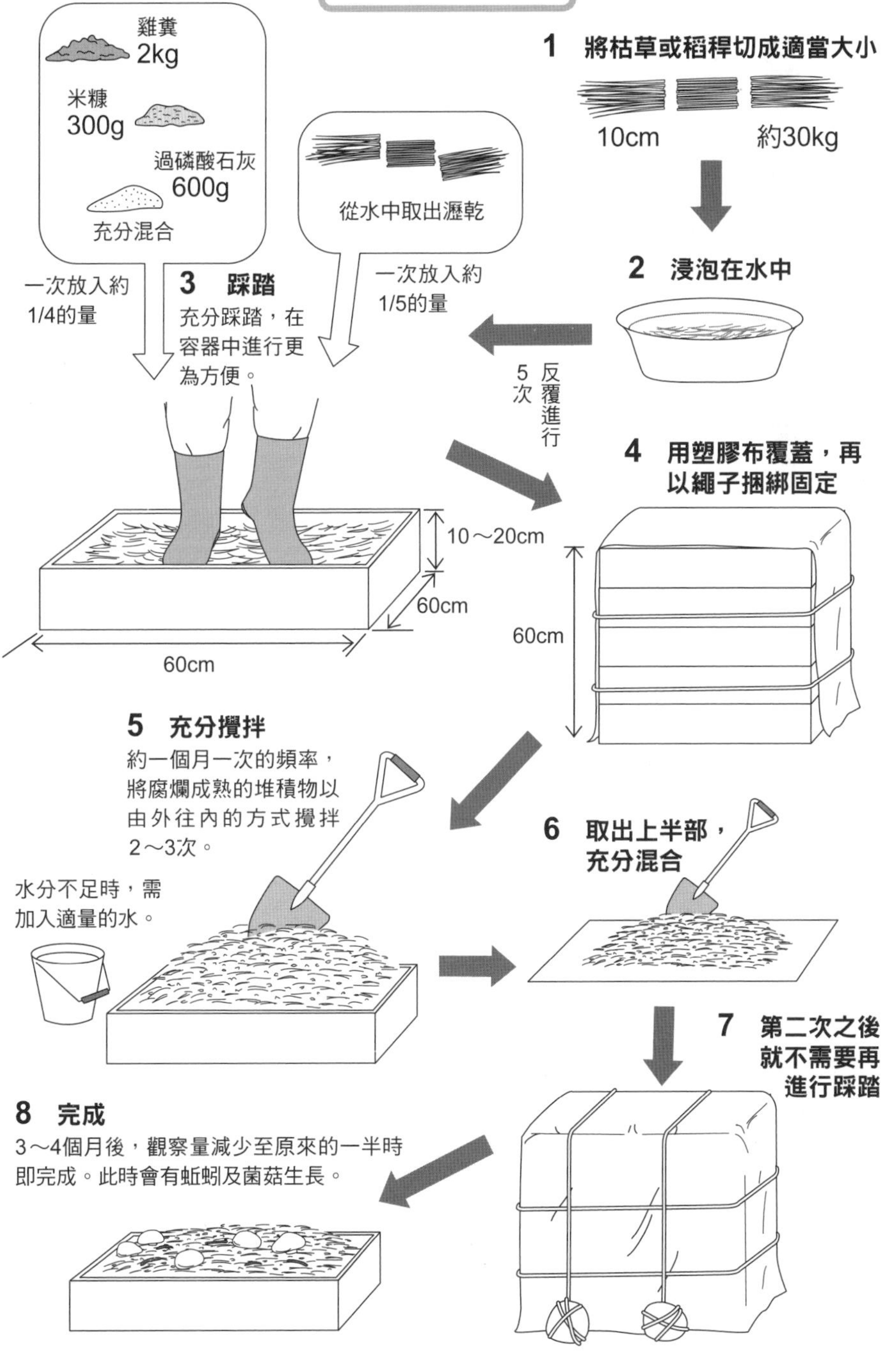
1 將枯草或稻稈切成適當大小
10cm
約30kg
2 浸泡在水中
從水中取出瀝乾
一次放入約1/5的量
雞糞 2kg
米糠 300g
過磷酸石灰 600g
充分混合
一次放入約1/4的量
3 踩踏
充分踩踏，在容器中進行更為方便。
10～20cm
60cm
60cm
反覆進行5次
4 用塑膠布覆蓋，再以繩子捆綁固定
60cm
5 充分攪拌
約一個月一次的頻率，將腐爛成熟的堆積物以由外往內的方式攪拌2～3次。
水分不足時，需加入適量的水。
6 取出上半部，充分混合
7 第二次之後就不需要再進行踩踏
8 完成
3～4個月後，觀察量減少至原來的一半時即完成。此時會有蚯蚓及菌菇生長。

何時該澆水？澆多少水最好？

花草
樹木

要訣 **建議觀察植株狀態、表土乾燥程度，作為澆水時機的依據。**

常言「澆水三年功」，意即要抓到植物澆水的要領，需要花上三年的時間，由此說法可知，澆水是栽培植物中頗具困難的工作之一，但只要掌握以下訣竅，可以幫助更快上手。

❶依植物種類不同，所需水量亦不同

每一種植物的故鄉和原生地不同，對於水分的需求度也不同，例如生長於乾燥地帶的仙人掌和多肉植物，為了適應水分稀少的環境，其莖葉已多肉化以利儲水，就不需要每天澆水。

❷植物在生育時期，對水分的需求量會有所變化

植物會配合季節而有不同的生長變化。生長於溫帶地區的植物，會在春天溫度上升時萌芽、生長枝葉，而後開花結果；闊葉樹會在晚秋時節葉片凋零，冬天進入休眠狀態。植物生長旺盛時期需要水分，但是在休眠時期則不太需要水分。

❸視栽種土壤種類，給予不同的水量

栽種植物時，通常會使用與原生地相近的用土。若植物是孕育於排水性佳的土地，便會選擇栽種於不會滯留水分的土壤，因此較容易出現乾枯的情形，需經常補給水分。相對地，若使用排水性較差的土壤栽種，應避免頻繁澆水。

❹依天氣和季節控制澆水量

晴天時土壤容易乾燥，尤其是夏天，即便剛澆完水，亦會馬上乾掉，因此一天至少需澆二次以上的水。陰天則應該控制澆水量。

總括上述重點，澆水應視植物本身、土壤性質、天氣狀況等各條件，做出綜合性的判斷，也因此增加困難度。就好比不會說話的嬰兒哭泣時，母親便必須依經驗或直覺來判斷嬰兒哭泣的理由，無法說話表達的植物亦是如此，應仔細觀察植物的外觀和土壤狀況，以作為植物需求之判斷。

只要能把握上述的重點，抓到要領，平日照顧養護時多觀察植株與葉片是否垂萎、土壤表面是否過於乾燥等等，判斷適當的澆水時機，補給充分的水量，澆水也就不是一件困難的事了。

盆栽的基本澆水方法

◀當盆土表面呈現乾燥，需澆入大量的水，直至水從盆底的孔洞流出來為止。

夜間及傍晚不宜澆水，為什麼？

要訣 **澆水的時機應為早上，若於夜間或傍晚澆水，會導致植物虛弱、出現徒長等情形。**

一般而言，澆水的工作會在植物活動需要水分時進行，通常在早晨進行。隨著太陽升起、氣溫升高，植物也會打開位於葉背的氣孔，進行呼吸旺盛的蒸散作用。由於此時植物的水分正大量地向外流失，因此必須補給水分，一旦水分不平衡就會導致植物凋萎。

蒸散作用於傍晚後開始減退，所以此時不太需要水分。**若於傍晚過後澆水，會造成植物徒長、虛弱以及容易生病**。植物在中午時，利用陽光進行光合作用合成糖分，並在夜晚將糖分運往所需的部位，當所需部位獲得糖分後，糖的濃度變高（滲透壓也隨之變高），會吸收水分造成該部位肥大伸長。因此在糖分進行輸送工作的夜晚，若體內水分過多，便會造成莖容易出現徒長情形。

早上澆水，到了下午土壤水分接近已乾的狀態最為理想。但是**若為易乾燥的夏日，就必須分別於早、晚澆水。冬天則必須暫停於傍晚澆水**，若於冬季下午澆水，因水分殘留於土壤中，可能造成根圈溫度下降，也可能會導致植物發生徒長的情形。冬天澆水工作亦應在上午氣溫升高的時段進行，到了傍晚植物已使用該水分，多餘的水分也由盆底排出。

植物生病多半是由於感染了真菌或細菌，而該種病原菌大多易於多濕的環境下旺盛繁殖。若於下午澆水，一旦無法排出多餘的水分，植物體的周遭便會形成病原菌最愛的多濕環境，此時若再加上高溫的環境因素，土壤無法透氣，就會造成根部腐壞。

總結以上，除了夏日容易乾燥的時期外，澆水的工作應於早上進行。

冬天室內植物的澆水方式

◀澆水後應將水盤裡的積水倒掉，並鋪上報紙，將剩餘水分吸乾，如此一來便可以防止夜晚根圈溫度下降，發生徒長的情形。

夏季的澆水方式

•直接澆入大量的水於土壤中。

▲上午澆水

•自葉片澆水，讓植物體溫可以下降。

▲下午澆水

夏季的中午不可以澆水，為什麼？

花草
樹木

要訣 **溫差會讓植物受傷，導致細胞受損，或因水滴未乾引起葉燒病。**

在夏日極度高溫的狀態下，植物體內的溫度也會隨之上升，若在該狀態下澆水，由於水溫和植物本身的溫差過大，便會讓植物受到傷害。一旦植物因此受傷，細胞便會遭受破壞，葉片顏色就會變成褐色，看起來像是生病一般。

若水滴殘留在葉子表面，會導致放大鏡的燃燒效果，使葉子被燒傷。此外，夏日水管中的水溫和熱水一樣高，若猛然打開水管澆水於植物上，就等同是把熱水澆於植物上。

基於上述原因，**夏日的中午應避免澆水，若欲澆水，可使用灑水於植物周遭的方式**，亦可達到降低周圍溫度的效果，避免將水直接淋於植物上。盡可能在氣溫下降的傍晚過後或早晨的時段澆水為佳。

夏天中午的澆水方式

▲直接澆於土壤中，直至下方流出大量的水為止。水量比平時稍多，且避免直接澆於葉面上。

盆底乾燥後才可再澆水，為什麼？

花草 樹木

要訣 乾濕交替的澆水方式，能讓根部獲得呼吸。

若在土壤表面還是濕潤的狀態下澆水，根部的水分會過於飽和，導致淹水，如此一來，植物根部便無法呼吸，呈現窒息狀態。此外，若一直保有水分，植物無法發出新根，根群也無法茁壯地生長。

脆弱的根部即使能在一直保有水分的狀態下生長無礙，不過一旦處於長期乾燥下，受損的程度就會十分嚴重，甚至會出現完全枯萎、枯死等情形。

若能待土壤乾後再澆水，水分就能順暢的由土壤表面滲入並流向盆底，根部也能獲得所需的氧氣。澆水後，待盆內的水通暢的排出，進行空氣交換的工作，確認土壤乾燥後，即可進行下一次的澆水工作。

澆水有助於植物體內水分的流動

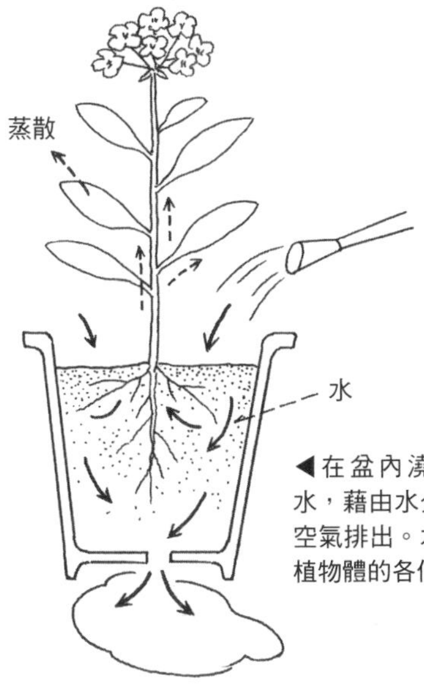

◀在盆內澆下大量的水，藉由水分進入，將空氣排出。水分會流遍植物體的各個部位。

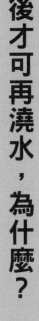

盆栽可以澆入大量的水，為什麼？

花草
樹木

要訣 **若只是讓盆土表面稍微濕潤，反而會導致植物水分不足而受損。**

進行盆栽的澆水作業時，若澆入的水量只有把乾燥的土壤表面弄濕，沒有讓水分滲透至盆栽底部，水分只會由土壤表面蒸發，無法讓植物吸收利用。

此外，若是澆水量過少，會讓盆栽內原本的水分向上蒸發，反而會導致盆栽內的水分更為匱乏。一旦養分和水分由土層的下方向上流動，養分中的鹽類（鈣、鎂、鈉等氯化物）便會往土壤的表面移動、聚積，最後可能造成土壤呈鹼性。

因此，**澆水時需避免水量過少，應澆入大量的水直至流出盆底為止**。澆水可讓水分進入盆內進行交換，提供盆內所需之氧氣。藉由送入新鮮的水分及氧氣，讓土壤中的液體和氣體獲得交換，使根部生長更為健康。

盆栽的大量澆水法

▲盆栽的大小雖然不同，但是原則上皆需澆入大量的水，直至流出盆底為止。若只是稍微浸潤的程度，便稱不上有確實地做好澆水的工作。

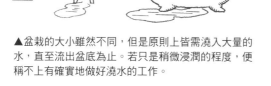

花草 樹木

直接種於地面的植物，可以不澆水嗎？

要訣 種植於地面上的植物，平時不需要澆水，但仍應視狀況加以調整。

直接種植於地面的植物，在栽種後到開始生長的這段期間，應隨時留意水分的補給，避免枯萎。宿根植物待地上枝葉伸出後，就可以漸漸地降低澆水的頻率，甚至不需要再澆水。

植物會以「毛細現象」吸取地下水或地中所儲蓄的水分，使土壤濕潤，此外，植物為了獲得水分也會伸長其根部。然而若為空梅（雨量不多的梅雨季節）或盛夏長期無降雨的期間，在長時間的日照下，就容易導致水分不足的情形發生，此時為了避免植物枯萎，就應該澆水以補足所需的水分。

關於日本玫瑰界大師

平成二十五年正逢已故玫瑰界大師——鈴木省三先生誕辰百年，當時各地舉辦了許多相關的慶典活動。這位偉大的玫瑰先驅，在生前有許多著名的偉業，他從世界各地收集而來的玫瑰育種材料，如今也交由一直以來仰慕大師風采的弟子們繼續傳承。

大師自幼深受園藝的薰陶，自園藝學校畢業後，往業界繼續精進。昭和十三年，年僅二十五歲的他，就開設了自己的玫瑰園。退役後，即使在戰後混亂時期的昭和二十三年，依然堅持理想，在銀座開設了玫瑰展。其一生當中，約培育了一百三十個品種，並且得到國際玫瑰競賽多項獎項肯定。在國外，人稱大師為MR. Rose，可說是位實至名歸的偉大玫瑰育種家。

多肉植物需要澆水嗎？

要訣 **多肉植物具有儲存水分及防止水分流失的功能，僅需少許的澆水量。**

乾燥地區是多肉植物生長的故鄉，為了在乾燥環境中生存，其莖葉已演化為具有儲存水分的功能。因此，即便澆水量少，多肉植物依然可以茁壯地生長，有些多肉植物甚至完全不需要澆水仍可以存活數年。

其莖葉除了儲存水分的功能外，亦具備防止水分流失的功能。一般植物會從植物葉背上的氣孔排出水分，然而多肉植物在白天豔陽下，會關閉氣孔防止水分喪失，待夜晚溫度降低後，再開放氣孔吸收二氧化碳，合成有機酸中之蘋果酸。

冬季溫度下降時，多肉植物會進休眠，所以幾乎不需要澆水，若澆水反而會導致根部腐壞。

多肉植物的光合作用

多肉植物除了以莖葉儲蓄水分，做為適應乾燥環境的方法，還會進行特殊的光合作用，防止水分流失。這種特殊的光合作用於一九五〇年代發現於景天科植物，又稱為CAM（Crassulacean Acid Metabolism景天酸代謝），因此進行該種光合作用的植物又稱為「CAM植物」。

CAM植物的氣孔於夜晚張開，白天關閉。夜間由氣孔吸收二氧化碳，並將之儲存於葉肉細胞中的蘋果酸內，當白天光照時，這些蘋果酸便會利用光合作用產出澱粉或葡萄糖等碳水化合物。以CAM途徑進行光合作用的植物，除了景天科外、仙人掌科、鳳梨科、蘭科、大戟科等多肉植物亦為如此。

花草
樹木

葉片也需要澆水？

花草 樹木

要訣 在葉片上澆水可抑制夏日高溫、防止乾燥，驅逐葉蟎。

植物如同人類，皆要忍受夏日酷暑。和人類流汗的道理相同，植物會從葉片表面的氣孔蒸散水分，以達降溫效果。然而植物對於溫度忍受仍有其極限，在過度高溫的狀態下便容易出現枯萎等情形，此時，可以噴霧器或是蓮蓬水壺，將水以噴灑的方式沾濕葉片，此又稱為「澆葉水」。

由於附著在葉片上的細小水滴蒸發時，會帶走汽化熱（水分汽化時所產生的熱能），所以便可讓植物達到降溫效果。當水分擴散至空氣中，亦有防止乾燥的功用，尤其冬天及室內容易乾燥，所以澆葉水更顯重要。

藉由葉水可除去葉子表面的灰塵，讓葉片常保鮮綠。乾燥的環境下，容易出現植物的大敵——葉蟎，由於葉蟎生性不喜歡潮濕，所以若在葉背發現葉蟎，可以噴霧器在葉背上噴水，以驅退葉蟎。

澆葉水的方法

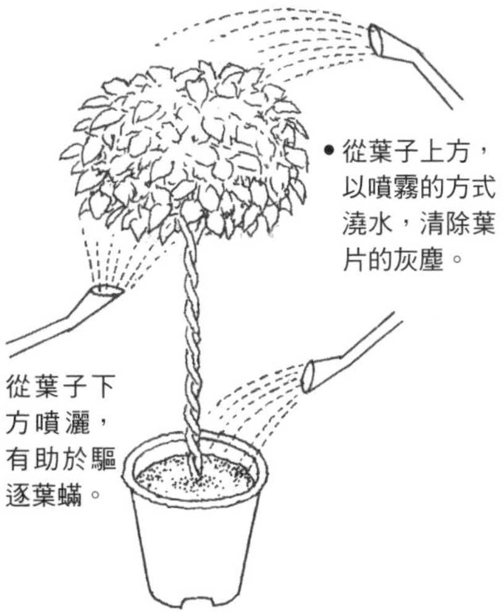

● 從葉子上方，以噴霧的方式澆水，清除葉片的灰塵。
● 從葉子下方噴灑，有助於驅逐葉蟎。

非洲堇的葉片不能澆水？

要訣

停留在葉子上的水珠，容易形成凸透鏡效果，造成葉片燒傷。

雖然澆葉水在盛夏時能幫助植物體達到降溫的作用，但是有些植物葉片中的細胞液與外在環境的水分溫度不同時，葉片便會出現受損的情形。

適合栽種於室內的非洲堇，若於夏季高溫澆予冷水，就會因細胞與水之間的溫度不同而導致葉片受損，葉面上會產生輪狀斑紋。若於葉片柔軟的草本植物或花朵柔軟的植物上澆水，在烈日的照射下，水珠容易造成葉片灼傷。

植物栽種於低溫多濕的環境中，容易長出灰色的真菌，花朵也會長出小斑點，並隨著症狀惡化，布滿整個花朵，為了免於真菌的侵害，應避免直接澆水於花朵上。

仙客來、非洲堇的澆水方式

◀澆水時，用手輕輕撥開植株，將水直接澆於土壤上，可避免葉片碰觸到水分。

花草

樹木

Chapter

4

修剪與摘心的技巧

修剪與摘心工作，需具備相關知識與技術，
觀念正確、並掌握施作訣竅，
就能讓植物得到提高一級的栽培成果。

植物為什麼需要定期修剪和摘心？

花草
樹木

要訣 為了讓植物外觀上更整齊、促使開花及生長，修剪和摘心是不可或缺的工作。

修剪植物除了是要維持其外觀形態，保持良好的觀賞價值外，還可以促進植物生長，以下統整了幾點植物需要定期修剪的理由。

❶修剪枝葉，達到視覺平衡

切除多餘的分枝、預留長出分枝的空間，並仔細確認芽的位置後再做修剪。一般在修剪時，會預想修剪後的樹形，再進行修整。修整的形狀可分為自然樹形、直立型、圓型、圓錐型、圓柱型、綠籬等類型。而修剪的方法則分為疏枝修剪法、維持原型修剪法、樹籬修剪法等等。

❷修剪部分花芽，透過限制開花數量的方式，讓日後的花朵可以開得更大更美

確認花芽形成的時期及位置後，留下花芽再修剪，將來就可以開出為數眾多的花朵。花芽形成的時期及位置依樹種有所不同，可分為以下幾種：紫藤與木瓜的花芽著生於短小的新枝條頂端；梅與麻葉繡球則是形成於新枝條上的葉腋處；茶花與木蓮的花芽著生於新枝條的前端附近，並於翌年開花；玫瑰與紫薇亦由新枝條的前端附近形成花芽，並在同一年裡開花。

❸促進植物更新生長

若出現樹木老化，不再茂密或花朵漸漸不再綻放等情形，修剪工作可促進芽由較低處冒出，有利於植物生長。

❹修剪分枝，增加樹冠空間，有利通風。

樹木（植物）分枝過多，整體外觀過於紊亂，適度修剪較老、較虛弱的枝條，將有利於通風，分枝也可擁有較多的延伸空間。

此外，適度的控制植物大小亦為要項之一。若於住宅區，枝葉過度延伸可能會造成鄰居困擾，應多加留意是否需要修剪。藉由修剪和摘心的工作，修整植物的外觀，並促進開花，更可達到培育植物的樂趣。

增加榿葉樹開花數量的修剪方法

▲花謝後將枯花摘除，並由花朵下方1～2枝節處剪去。

▲待隔年的這段期間，枝條數會逐漸增加，開花數量也會明顯變多，生長日益茂密。

修剪不必要的枝條

●徒長枝
節間過長的枝條。
●懷枝
生長於靠近樹幹的部分，是後來才長出來的枝條。
●內向枝
枝條往樹冠內側生長。
●平行枝
相同的枝條向同一方向生長。
●交叉枝
延伸的枝條，不自然的朝上生長，易與其他枝條重疊。
●對生枝
在樹幹相同高度處，呈反向方向生長者，應擇一修剪。
●下垂枝
枝條向下垂生。
●幹生枝
由主幹長出之枝條應剪除。
●分櫱枝
在樹木基部發展出來的芽。
●車輪枝
由主幹或是較粗枝條同一處，長出許多呈放射狀的枝條，應及早修整。

摘心為什麼有利於植物生長？

花草

要訣 反覆進行正確的摘心工作，可增加植物的開花數。

如欲增加植物的開花次數，以及維持良好的狀態，應在花謝後，將花朵摘除，並剪去花莖，以利新莖生長。進行摘心工作後會促進腋芽的萌發，隨著腋芽的生長，根部也會逐漸延伸。新根將從土壤中吸收養分及水分供給幼芽，生長形成花芽。

若沒有進行摘心的工作，植物於花謝後便會開始結果，養分會直接轉成供給結果之用，而無助於生長。若於節和節之間摘心，殘留下來的花莖會顯得較不美觀，所以需在稍低的腋芽上方處進行摘心工作。摘心時若能將之修整為一致的高度，日後莖部生長的高度也較能保持一致性。

反覆進行的摘心工作（天竺葵）

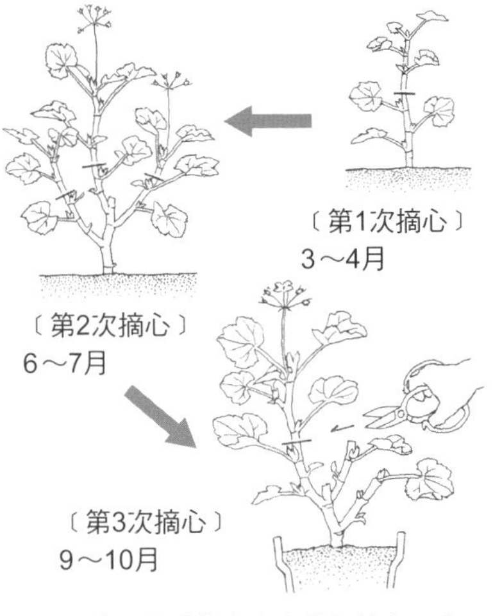
〔第1次摘心〕
3～4月
〔第2次摘心〕
6～7月
〔第3次摘心〕
9～10月

▲在稍低的腋芽上方處進行摘心工作，可促進分枝並增加開花數，讓植物看起來較為茂密。若能於花謝後、結果實前摘心，並摘除枯花，植物所供給的營養便得以移轉至其他部位。

摘心可增加開花量讓高度保持一致性

▲摘除矮牽牛、繁星花、馬鞭草等過長的花莖，不僅可以促進開花量，也可藉此調整植物的外觀，讓整體看起來更為茂密。

枯花一定要摘除嗎？

花草

要訣 **摘除枯萎的花朵，可降低植物的致病率，亦有利於未來開花。**

凋零的花朵除了看起來不美觀，若濕氣重時亦可能長出真菌，所以應及早將枯花摘除。而且，花朵若不摘除，當中子房受粉便會開始發育為果實。由於結果的過程中需要消耗養分，為了將養分集中供給於下一次開花之需，應在花謝後、結果前將花朵摘除。

花朵大多開在花莖的前端，腋芽則生長於前端下方，下一次花開時則由其前端部位開花，若能早日摘除開完的花朵，有利於腋芽較快萌發。在改良後的新品種中，有些花朵凋零後會自動落下，所以只需清理落下後的枯花即可，可惜該類的植物為數不多，所以一般植物仍需進行摘除枯花的工作。

各種摘除枯花的方法

A
蓮座型的植物，
花莖以花座為中心生長
由底部拔除花莖，或是在接近底部的地方將之剪下（三色堇、香堇）。

B
花莖前端的花朵呈房狀排列
待花朵凋謝，從花莖下的腋芽上方處剪下（香雪球、蜂室花）。

修剪庭木有什麼好處？

樹木

要訣 **為了達到日照與通風良好、提升觀賞價值、去除病蟲，修剪是不可或缺的工作。**

像日本一樣綠地狹小的國家，通常無法任由植物肆意地蔓延生長，尤其在個人有限的居住空間中，為了保有原本的樹形，就必須想辦法限制枝幹的延伸，最基本的方法便是修剪分枝。

花卉的修剪有利於開花和維持良好的狀態，而樹木會逐年老化，為了讓年輕健康的枝幹有生長的空間，修剪是必需的工作。**若放任庭木生長，不進行修剪的工作，可能會破壞庭園景觀。**枝葉茂盛亦會導致日照及通風不佳，最後造成枝葉損傷枯萎，甚或容易導致病蟲害的侵襲。

伊吹山的美麗花田

我曾經帶領各國的園藝專家參訪伊吹山，發現他們對日本自然界的植物組合備感興趣。

伊吹山是座環境特殊的山脈，冬天日本海帶來的季節風，對植物而言是相當嚴酷的考驗。該地積雪多，曾在一九二七年創下世界記錄，積雪量達11.82m。伊吹山的山高為1377m，山頂一帶花田遍野。

過去織田信長曾在伊吹山設立藥草園，外來的藥草與伊吹山固有的野草，兩者融合成了一大片花田，成就了視覺上鮮見的協調感。此次帶領海外園藝專家參訪的行程，讓我似乎也從大自然中獲得了園藝設計的靈感。

常綠樹不宜在冬天剪枝，為什麼？

樹木

要訣 常綠樹生長於溫暖地區，較不耐寒，應於天氣轉暖後再進行修剪。

常綠樹異於落葉樹，即使到了冬天仍不休眠、繼續活動。因此**若於冬季強行修剪，會因氣溫寒冷導致樹木受損，甚至由切口處開始乾枯**。

冬季只要將常綠樹的枯枝稍作修整即可，待氣溫轉暖後再進行修剪工作，時間約為長出新梢後的三月～四月之間。由於夏季為生長旺盛期，應避免進行修剪，可於夏芽開始生長前的六月～七月，及夏芽停止生長後的九月，進行修剪工作。

茶花和杜鵑花等，需在開花後的春天進行修剪工作。松樹與杉樹等針葉樹同於常綠樹，應避免於冬天修剪，待春季來臨，再利用修剪工作，摘除舊葉、促進發芽及調整樹形。

常綠樹修剪方式

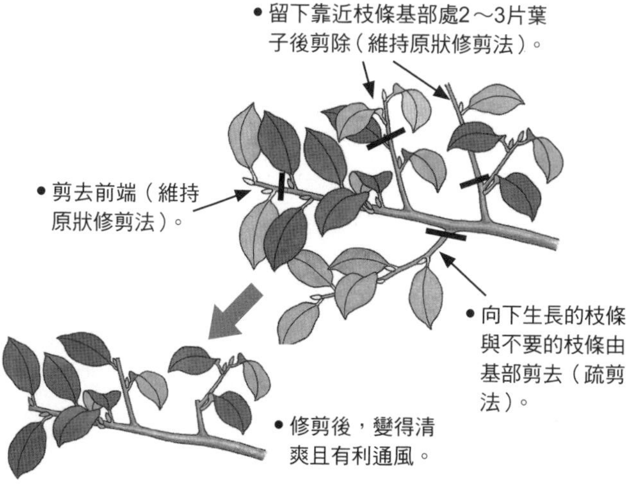

•留下靠近枝條基部處2～3片葉子後剪除（維持原狀修剪法）。
•剪去前端（維持原狀修剪法）。
•向下生長的枝條與不要的枝條由基部剪去（疏剪法）。
•修剪後，變得清爽且有利通風。

修剪後卻無法開花，為什麼？

樹木

要訣 **修剪方式錯誤，不慎將花芽切除，便會導致無法開花。**

花芽分化，指的是由枝條中的葉芽轉變為花芽的狀態。在枝條的前端或腋芽中的生長點部位，會進行細胞分裂，在進行細胞分裂的同時，便會分生出新的葉子與枝條。花芽分化便是經由細胞分裂長出花芽的生殖生長，處於該轉變期的植物會開始感知到氣溫、晝長等環境變化。

花芽分化會在生長點進行細胞分裂以製造花芽，在形態上生長點會隆起變大，可由外觀辨識。爾後花朵外側的器官會逐漸發育，以花萼、花瓣、雄蕊、雌蕊的順序長成，完成花芽發育。進行修剪工作時，必須掌握花芽發育完成的時間及花芽的位置。花芽的著生方式可粗略地分為兩種方式，分別為花芽著生於前一年所長成的舊枝條上，以及花芽著生於當年長成的新枝條。生長於舊枝條的花芽，多半會於七～八月進行花芽分化，在有花芽的狀態下度過冬天，待翌年的春～初夏之間開花。

生長於新枝條的花芽，會著生於當年新長成的枝條上，並於夏～秋季間開花。為了避免將著生花芽的枝條去除，應於開花後、下一期的花芽尚未長成前進行修剪。其要訣在於**在舊枝條開花的植物，應在開花後盡早進行修剪工作；在新枝條開花的植物，冬天的休眠期則為適合進行修剪的時機。**

導致無法開花的修剪方式（燈枱躑躅）

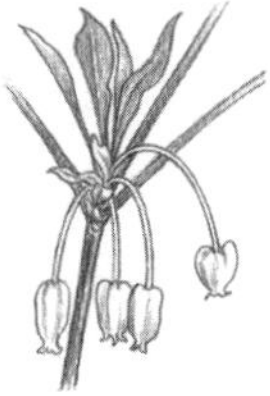

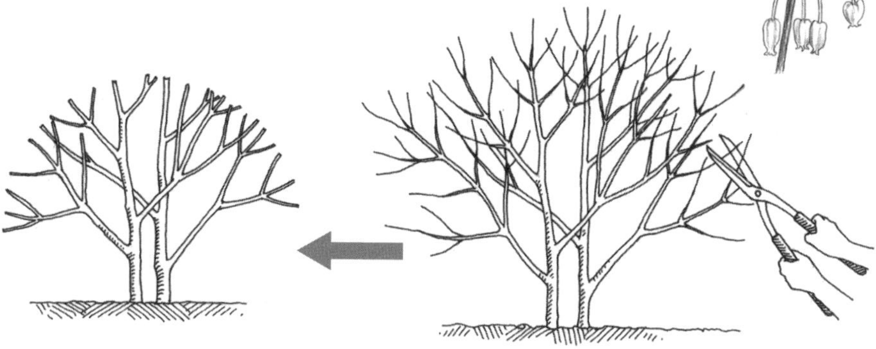

▲由於切除了大多數的花芽，翌年春天幾乎無法開花。

▲秋～冬季之間，將枝條前端全數進行大幅度修剪。

花芽僅著生於頂部的植物（丁香）

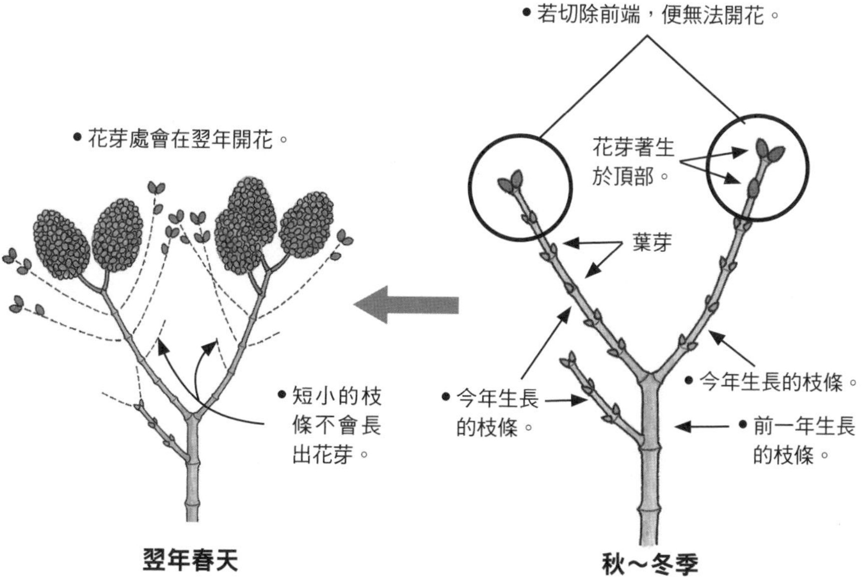

• 若切除前端，便無法開花。
• 花芽處會在翌年開花。
花芽著生於頂部。
葉芽
• 短小的枝條不會長出花芽。
• 今年生長的枝條。
• 今年生長的枝條。
• 前一年生長的枝條。
翌年春天
秋～冬季

落葉樹應於冬季修剪，為什麼？

樹木

要訣 **冬季為休眠期，可降低樹木的損傷。**

落葉樹會在夏季貯存養分，待冬季來臨時進入休眠狀態。因此，修剪應於冬季落葉後進行，**唯需避開一～二月嚴寒時期，以免導致植物枯損**。養分的儲存量若足夠，在冬季休眠期進行修剪較不會對植物造成傷害，亦不會影響日後的生長。冬天植物處於乾枯的狀態，即便不小心過度修剪也無妨。

櫻花和楓樹的修剪時期尤為重要，應於十一～十二月進行。櫻花的花芽著生於夏季，此時若強行修剪會導致翌年開花量驟減。若植物過度茂密，應於枝條尚細小時大幅地進行疏剪。由於楓葉由休眠期醒來的時間較早，若於一～三月修剪，切口處可能會留出樹汁導致枯損，應特別留意。

櫻花剪枝的基本方法

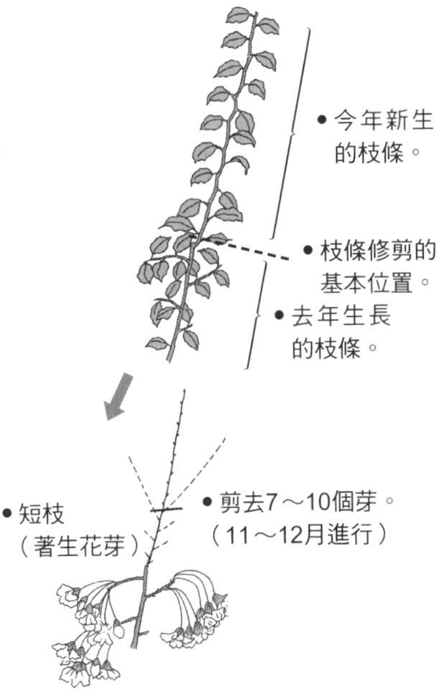

●今年新生的枝條。
●枝條修剪的基本位置。
●去年生長的枝條。
●短枝（著生花芽）
●剪去7～10個芽。（11～12月進行）

楓樹的基本修剪方式

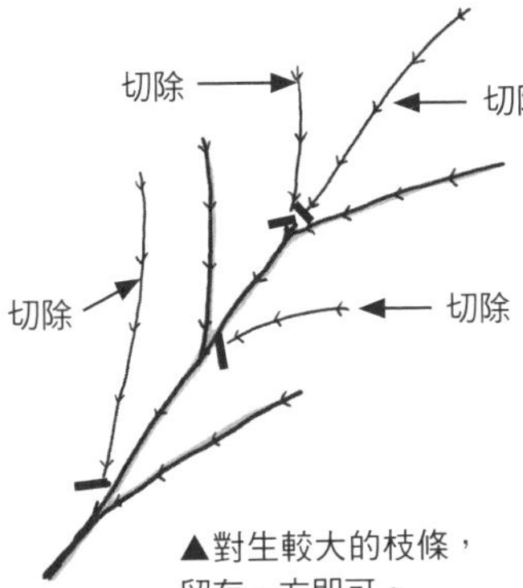

切除
切除
切除
切除

▲對生較大的枝條，留存一方即可。（11～12月為合適的時期）

Column

落葉樹與常綠樹，生長週期有何不同？

落葉樹管理月程表

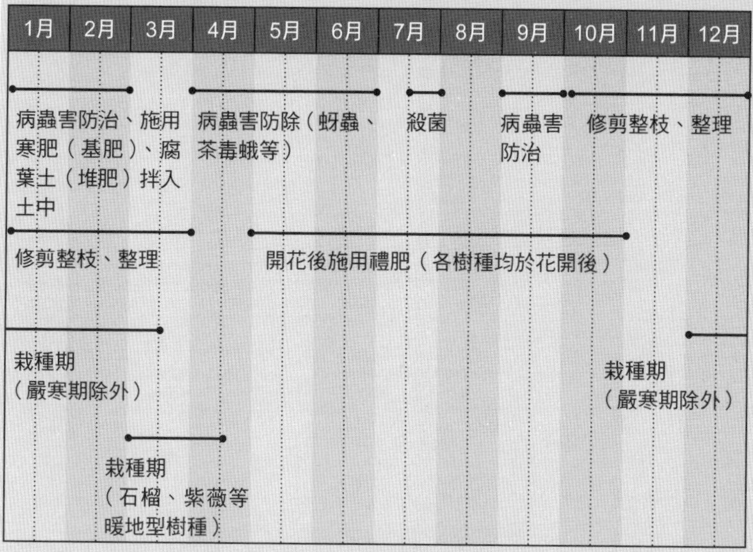
1月 2月 3月 4月 5月 6月 7月 8月 9月 10月 11月 12月
病蟲害防治、施用寒肥（基肥）、腐葉土（堆肥）拌入土中
病蟲害防除（蚜蟲、茶毒蛾等）
殺菌
病蟲害防治
修剪整枝、整理
修剪整枝、整理
開花後施用禮肥（各樹種均於花開後）
栽種期（嚴寒期除外）
栽種期（嚴寒期除外）
栽種期（石榴、紫薇等暖地型樹種）

常綠樹管理月程表

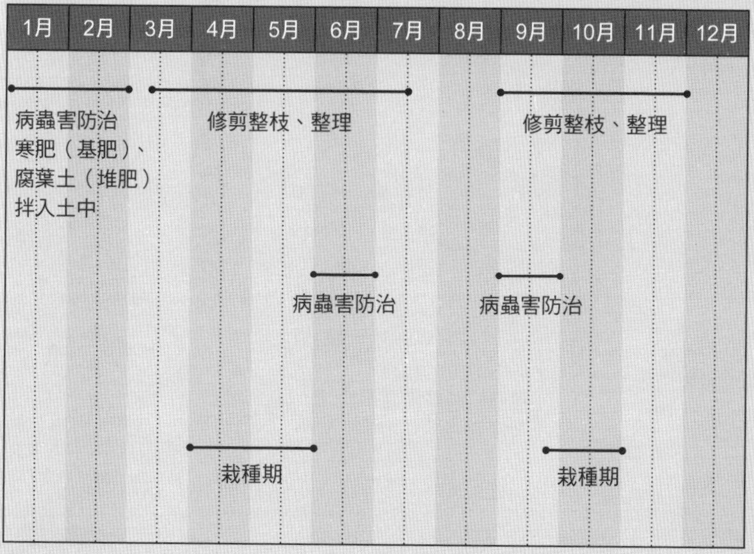
1月 2月 3月 4月 5月 6月 7月 8月 9月 10月 11月 12月
病蟲害防治 寒肥（基肥）、腐葉土（堆肥）拌入土中
修剪整枝、整理
修剪整枝、整理
病蟲害防治
病蟲害防治
栽種期
栽種期

樹木

修剪樹木有什麼訣竅？

要訣

修剪可分為三種方式，依樹形及成長需求，選擇適合的修剪法。

修剪有許多方式，可粗分為維持原型修剪法、疏剪法，以及樹籬修剪法。維持原型修剪法是為了縮小樹形，維持一定的大小，將延伸的枝條截短的一種修剪方式。植物進行強剪後會從下方生長出更為強壯的枝條，若欲長出較細長的枝條，則予以輕度修剪即可。

疏剪法為基本的修剪方式，為了讓樹冠內空間增大，應採用由枝條基部剪去的方式，減少枝條的數量。首先剪去明顯過粗的枝條，再剪去過細的枝條。修剪時應顧及整體樹形，調整枝條的疏密度。樹籬修剪法，適用於修剪樹籬，將伸出表面的枝條進行修剪，使其長度一致，應使用修枝剪將表面整平。

維持原型的基本修剪法

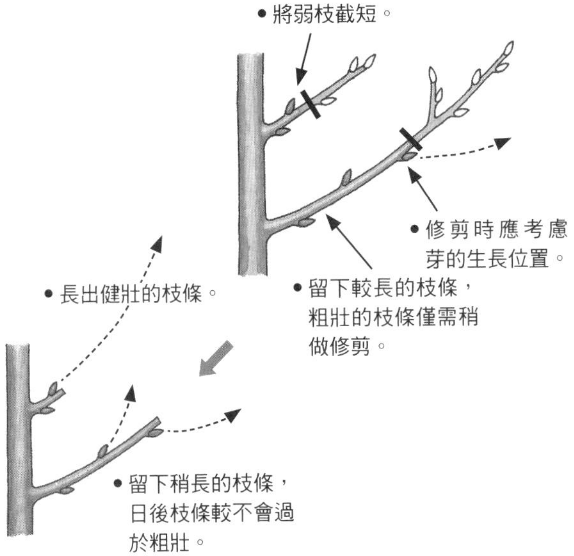

●將弱枝截短。
●修剪時應考慮芽的生長位置。
●留下較長的枝條，粗壯的枝條僅需稍做修剪。
●長出健壯的枝條。
●留下稍長的枝條，日後枝條較不會過於粗壯。

樹木

疏剪法＆維持原型修剪法

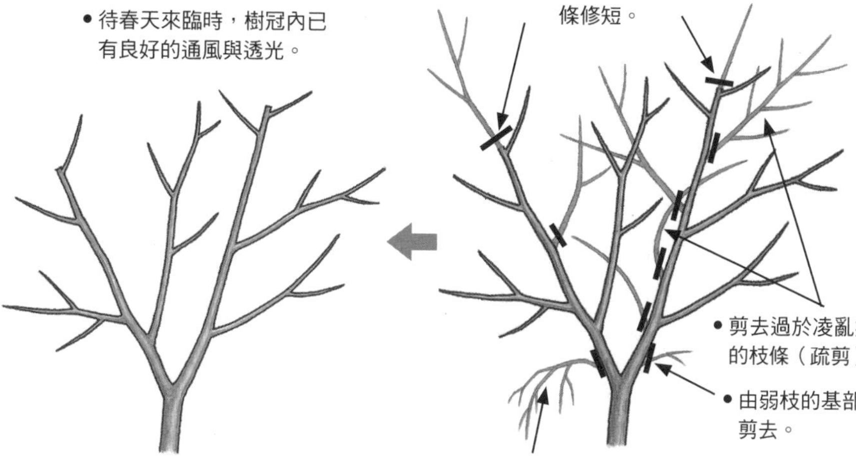
●待春天來臨時，樹冠內已
有良好的通風與透光。
●將過度延伸的枝
條修短。
●剪去過於凌亂擁擠
的枝條（疏剪）。
●由弱枝的基部
剪去。
●剪去枯枝。

樹籬的修剪方式

紅葉石楠樹籬修剪法

▲一年之中約需修剪三次，以修枝剪將突出上方虛線的部分修剪掉。修枝剪應與切面成平行移動。修剪後，紅芽萌發更為茂盛，可提高觀賞價值與樂趣。

燈柗躑躅圓球狀修整法

▼6月上旬～中旬期間，使用樹籬剪修去突出於樹冠的徒長枝。

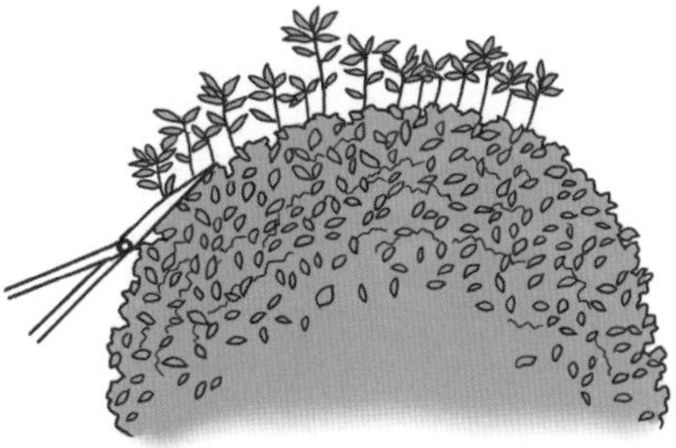

●若為新枝，即使
由此處修剪，亦
不影響萌芽。
●理想的修剪位置。

枝條的修剪位置，該如何拿捏？

要訣 修剪時應顧及整體樹形，並預想日後枝條的粗細度，再調整修剪方式。

修剪枝條時，該從何處下手？可先掌握以下三個要點：

❶切口處應在外芽上方▼以樹木為中心，外芽指的是朝向樹木外側生長的樹芽，而朝向樹木內側生長的樹芽則稱為內芽。由於枝條會朝向樹芽的方向延伸，若切口處為內芽的上方，枝條便會朝向內部生長，導致枝條凌亂交錯、樹形不佳；若切口處為外芽上方，枝條會向外往空隙處生長，利於展開樹形，更為美觀。若有出現枯枝、樹形不自然，或是內側有空隙等情形，亦可由內芽上方進行修剪。

❷勿從中間切斷枝條▼修剪枝條時應於樹芽上方約5mm～1cm處剪下，若從中間截斷，會造成枝條乾枯，若切口過於靠近樹芽，亦會導致樹芽乾枯。通常剪刀會與枝條成垂直狀進行修剪。

❸修剪的位置，可決定枝條的粗細度▼修剪前端（弱剪）會長出較短的枝條，若由枝條的基部截剪，則會長出較長且粗的枝條。

其他疏枝方法，應以枝條的著生方式評估欲留下哪些枝條，如為互生的側枝，應修剪枝條間隔狹窄、粗細枝交錯生長的部分；若為對生枝條，則應擇一留下；若枝條會從同一處長出三根以上分枝的輪生枝條，則應增加空間，避免枝條相互交疊，以留下二～三根枝條為佳。

徒長枝的修剪方式

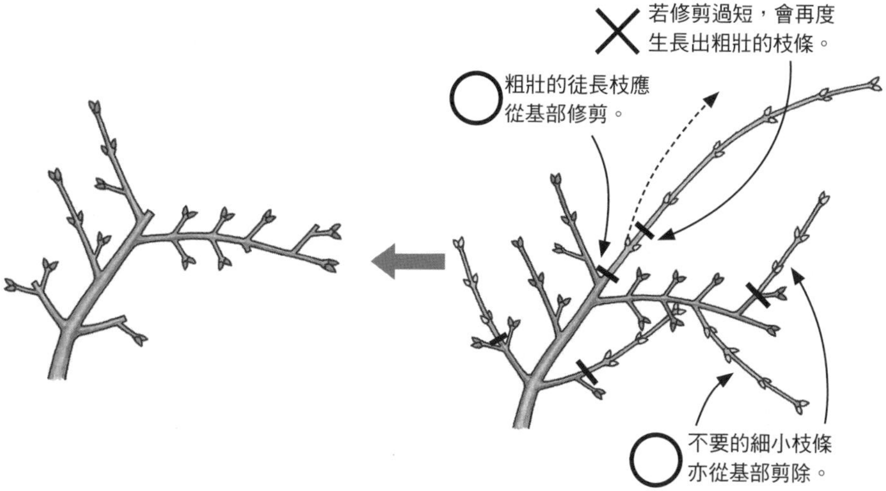
若修剪過短，會再度生長出粗壯的枝條。
粗壯的徒長枝應從基部修剪。
不要的細小枝條亦從基部剪除。

修剪位置會影響日後的生長方式

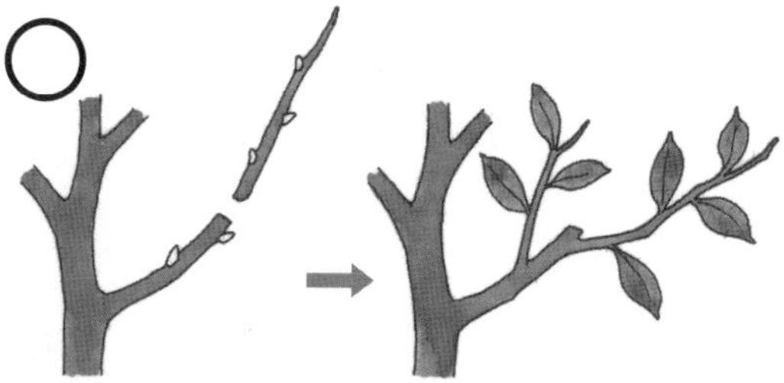

修剪切口為外芽上方

枝條朝外側生長，形成自然的樹形。

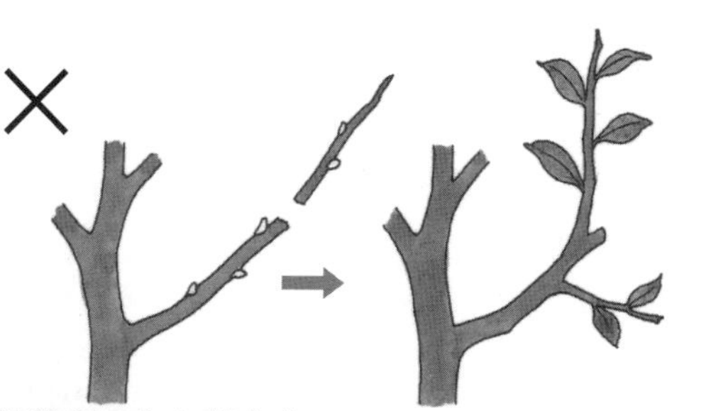

修剪切口為內芽上方

容易長出交叉枝或是枝條生長方向不佳，導致樹形凌亂。

粗枝修剪法

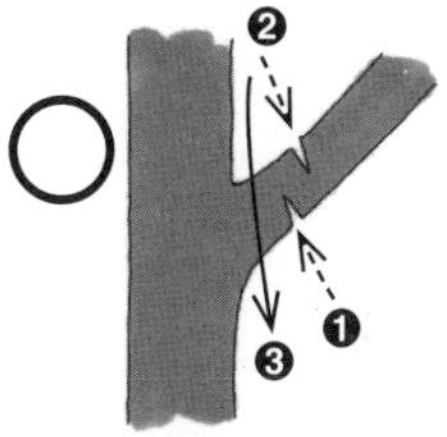

❶ 修剪的位置應於枝幹前的下側處，切入1/3的切口。

❷ 再由枝條的上方切入。

❸ 最後由接近枝幹處剪下，切口應平整。

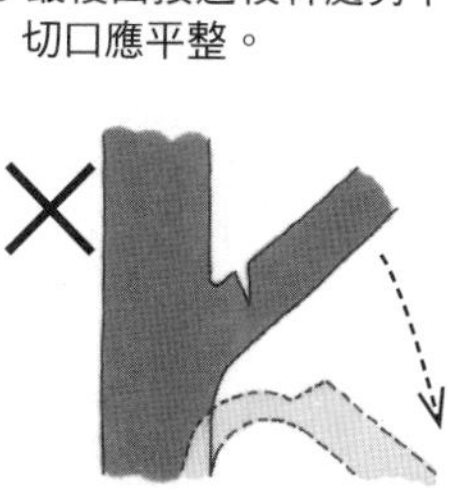

▲若直接由上方一次修剪枝條，枝條會因重量使樹幹周圍的樹皮撕裂，造成植物受傷枯損。

修剪後植物卻枯萎了，為什麼？

樹木

要訣 **若於不適當的時期進行修剪，便可能會出現枯萎的情形。**

樹木是很強健的植物，不太會因為修剪而枯萎。然而卻極有可能在進行強剪的過程中，因根和枝葉間不平衡而導致枯萎，因此，應連同根部一起修剪。

此外，**樹木有修剪適期，若於非適期進行修剪便有可能導致乾枯**。例如，在冬天修剪亦會活動的常綠樹，或是應於冬天休眠期進行修剪的落葉樹，卻在春至夏天時進行，皆會導致樹木流出樹液，使樹木變得較為脆弱或是導致枯萎等情形。

不論是進行強剪，或是在不適當的時期進行修剪，都會造成樹木枯萎。**若為較容易枯萎的樹種，為避免修剪後傷口腐爛，可於該處塗抹含有殺菌成分的癒合劑。**

香冠柏的摘芽方式

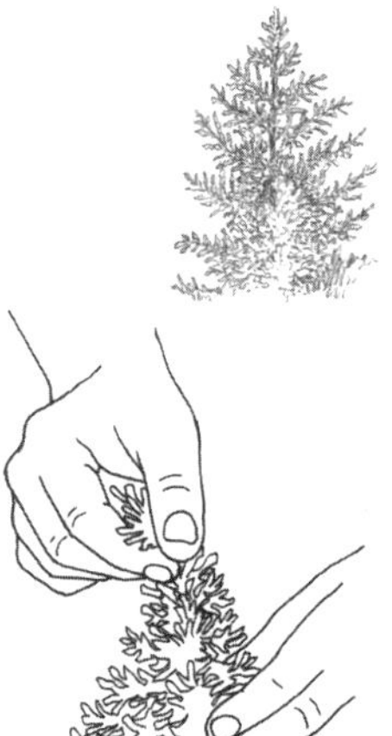

香冠柏的造型修剪

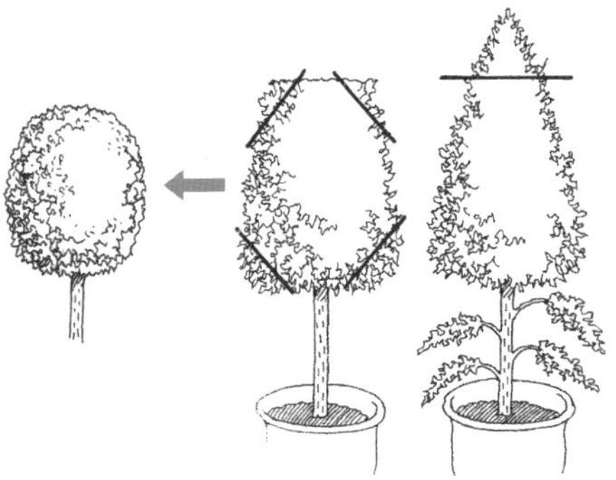

▲香冠柏不適合接觸金屬，若以金屬製的剪刀進行修剪，便會使傷口轉為褐色並枯萎。以手摘芽可以避免造成切口處枯萎。由於樹液黏稠，可帶上手套以利進行。冬天為金冠柏的活動期，若一次大幅的修整，可能會導致日後樹木脆弱，應多加留意。

Column

修剪後的傷口，應如何照顧處理？

樹木

粗枝的切口應確實整平，再塗上癒合劑。

修剪庭木或花木後，切口應盡早治療，使其癒合。由於切口處會有新的細胞增殖，所以若未覆蓋表層，降雨時病原菌或腐敗菌便會由切口處侵入，而導致枝條枯萎。市售的癒合劑（農藥）為黏糊狀，內含殺菌劑成分，適合樹木專用。但若只是少數幾株庭木，或是樹齡年輕且切口處少的情形，亦可以木工用的接著劑取代。

在日本常言「修剪櫻花的笨蛋」，因為**櫻花是切枝後容易枯萎的常見植物之一，其修剪後，務必要需在切口處塗抹癒合劑**。粗枝的切口尤其容易受損，應多加留意，勿忘塗抹癒合劑，塗抹的範圍應由切口處至外側周圍區塊，切勿遺漏。

切除粗枝後的照護

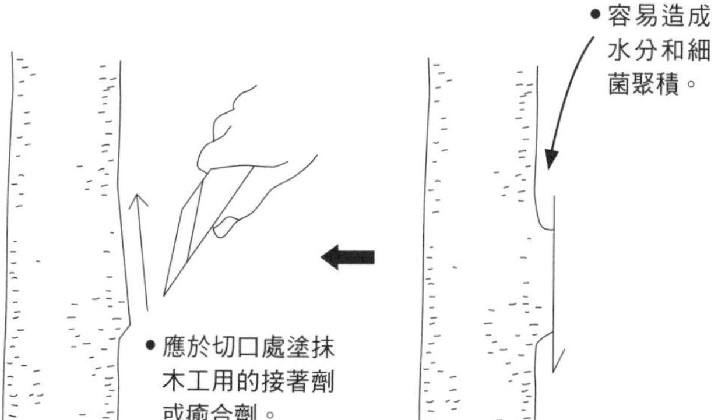
●容易造成水分和細菌聚積。
●應於切口處塗抹木工用的接著劑或癒合劑。

▲以小刀將切口整平，盡量使其平滑，避免凹凸不平。

▲若切口處較為突出，便容易累積水分造成腐爛。

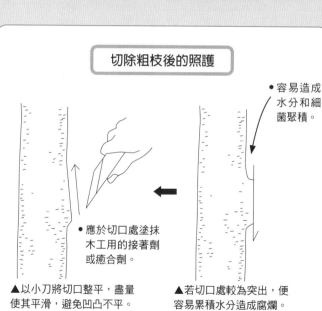

樹木

花朵盛開時，該如何修剪？

要訣 依不同樹種的適切時期，留下著生花芽的枝條再進行修剪，以利增加開花數。

依植物種類的不同，有「單一花芽著生枝條」及「多數花芽著生枝條」等，花芽著生的位置亦有所不同，例如，有些植物的花朵只開於枝條的前端或是上半部，甚或花朵由枝條的前端一路開往基部等等，皆有所異。

花芽著生的季節依植物的種類也有所不同。例如，梅花的花芽著生於較短的枝條上（短枝），所以修剪時應留下短枝。修剪時期為三月開花後、發芽之前，以鋸子將交纏在一起的粗枝疏開，並使用剪刀修整徒長枝，留下基部的花芽。六月結果實之際，應把春天以來延伸的徒長枝再次修剪。果實收穫後，亦會於冬天進行小幅度的修整。

促進梅花盛開的修剪方式

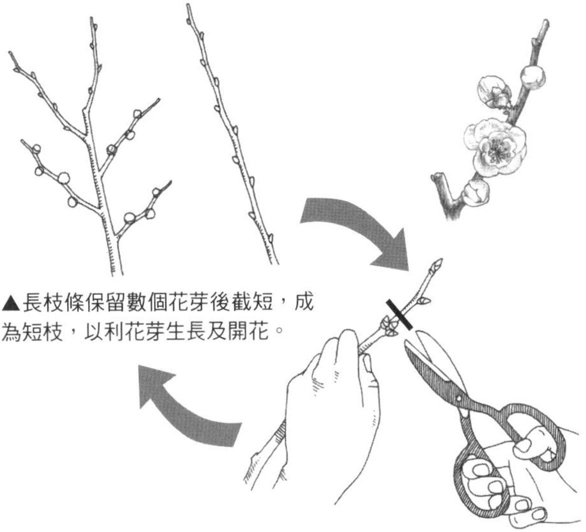

▲長枝條保留數個花芽後截短，成為短枝，以利花芽生長及開花。

▲截去前端的葉芽。從形狀飽滿的花芽上方剪下。

繡球花的冬季修剪方式

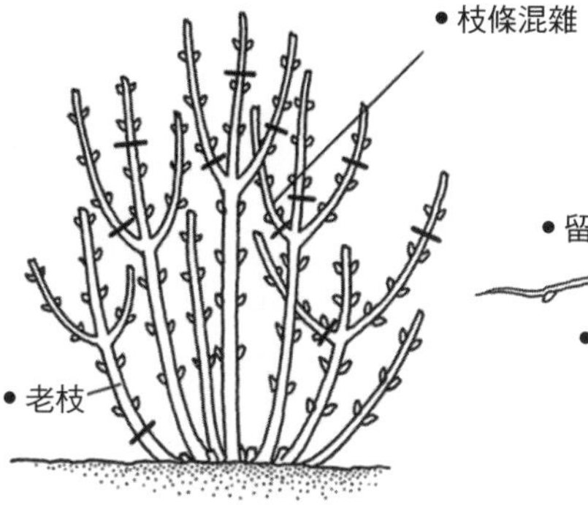
● 枝條混雜
● 老枝

▲冬天時修剪老枝與參差混亂的枝條。

紫藤的修剪方式

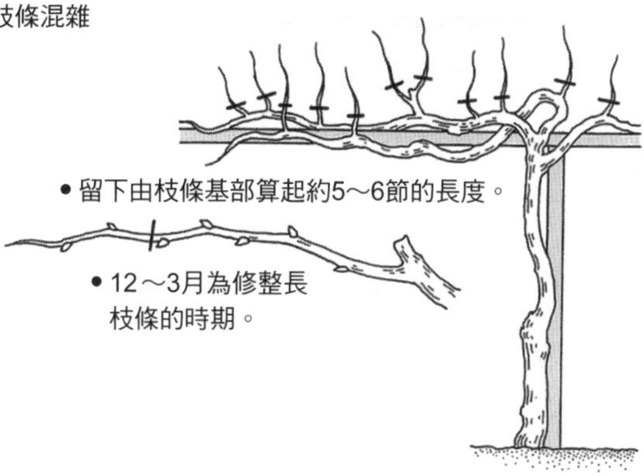
● 留下由枝條基部算起約5～6節的長度。
● 12～3月為修整長枝條的時期。

紫薇的修剪方式

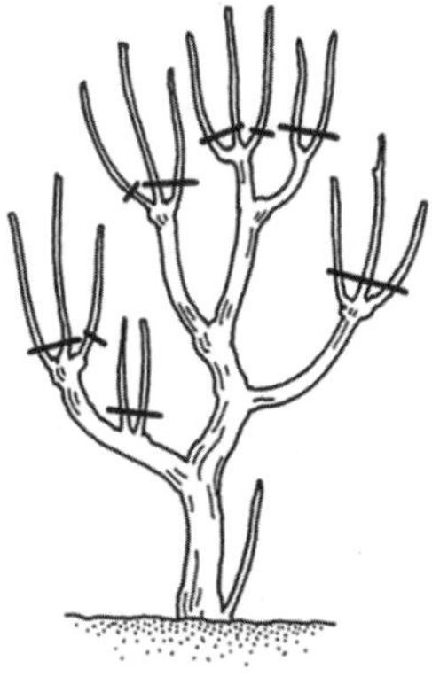

▲修剪時期為11～3月之間，將去年生長的枝條，進行整體大幅度的修剪。

茶花的修剪方式

▲若是較年輕的樹木，修剪時應於開花後，並需留下2～3片葉子。

不同品種的玫瑰，修剪方式也不同？

樹木

要訣 各品種玫瑰依枝條的生長方式、開花習性等各有所異，需視其特性進行修剪。

玫瑰的生長方式大略可依樹形分為矮叢型、灌木型及蔓藤型等三大種類。矮叢型玫瑰包括Hybrid雜交、Floribunda豐花、以及Miniature迷你等系統，呈樹木直立型。灌木型則包括灌木系統、Old roses古典玫瑰、多數的野生玫瑰及英國玫瑰系統，嫩枝延伸生長呈現半蔓狀。蔓藤型則如其名，其嫩枝延伸長度較長，若有支撐便會隨之攀附，若無支撐則會沿著地面生長，即所謂的蔓性玫瑰。

多數野生種的玫瑰和古典玫瑰，為一年一次單季開花，因此若於冬天進行強剪，便會導致原本應著生花芽的枝條減少，而減少開花的數量。因此修剪時，僅需就枯枝及細枝做部分的修整即可。矮叢型Hybrid teas、雜交型茶香及Floribunda豐花系統的玫瑰，具有春天至秋天循環開花的特性，即於冬天進行強剪，由腋芽所長出來的枝條前端及周遭枝條仍會開花。

蔓藤型的蔓性玫瑰多數品種為單季開花，枝蔓變長後，上方的腋芽於隔年春天開始生長，並由其長出的枝條前端及周遭枝條開花。進行老枝及弱枝疏剪後，剩餘伸長強壯的枝條應誘引使其側斜生長，若任其筆直生長，屆時便只有前端才會開花，若讓枝條斜長，則枝條低處亦會開花。

矮叢玫瑰的修剪方式

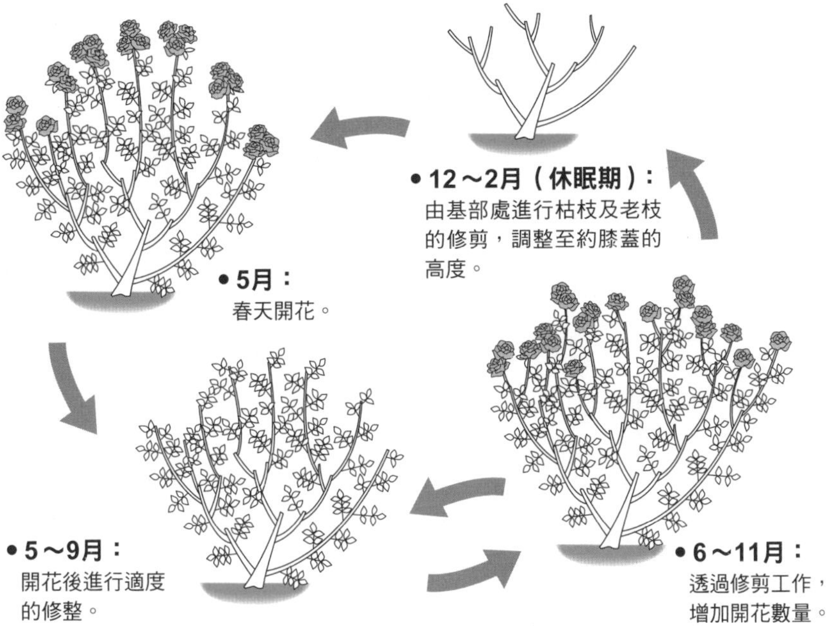
●12～2月（休眠期）：
由基部處進行枯枝及老枝的修剪，調整至約膝蓋的高度。
●5月：
春天開花。
●5～9月：
開花後進行適度的修整。
●6～11月：
透過修剪工作，增加開花數量。

蔓性玫瑰的修剪方式

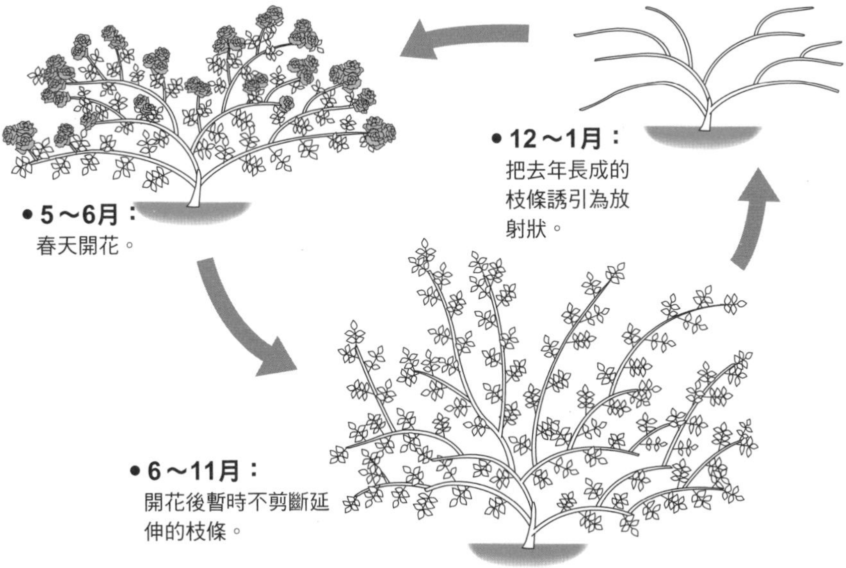
●12～1月：
把去年長成的枝條誘引為放射狀。
●5～6月：
春天開花。
●6～11月：
開花後暫時不剪斷延伸的枝條。

玫瑰大多在夏季或冬季進行修剪，為什麼？

樹木

要訣

玫瑰會在春、秋天盛開，故修剪工作應於夏天和冬天進行。

玫瑰即使不進行修剪，將來仍可以觀賞花朵。嫩枝的前端在開花後便停止生長，待其下方的腋芽生長延伸後，其前端處又會開花。玫瑰看似具有四季皆開花的特性，唯獨在冬季休眠期停止生長不會開花。此外，多數的野生玫瑰或是古典玫瑰則是單季開花，不具有循環開花的特性。

四季開花的玫瑰，即使不進行修剪仍然可以持續開花。會開花的枝條是朝向植株上方著生，因此細小的枝條只會開出越來越小的花朵。為了使由粗大枝條生長出來的新枝，能夠開出較大的花朵，應修剪至較低位置。夏日修剪期為八月下旬至九月上旬，冬日則為一月中旬至二月休眠期。

四季開花的玫瑰，由於多半在盛夏消耗大量的能量，所以即便開花，花朵的品質卻可能不佳。因此，我們可以利用夏季，將春季至初夏生長出來的枝條進行修剪，讓植株有喘息的空間，若於此時進行修剪，秋天十月中旬左右，便可觀賞到美麗盛開的玫瑰花。

玫瑰花最美的時期為春天到初夏，如何使花朵在該時期盛開，便是栽培玫瑰花的祕訣。**因此為了趕在處於休眠狀態的花芽甦醒前，應於一月中旬至二月進行強剪。**

夏季玫瑰的修剪方式

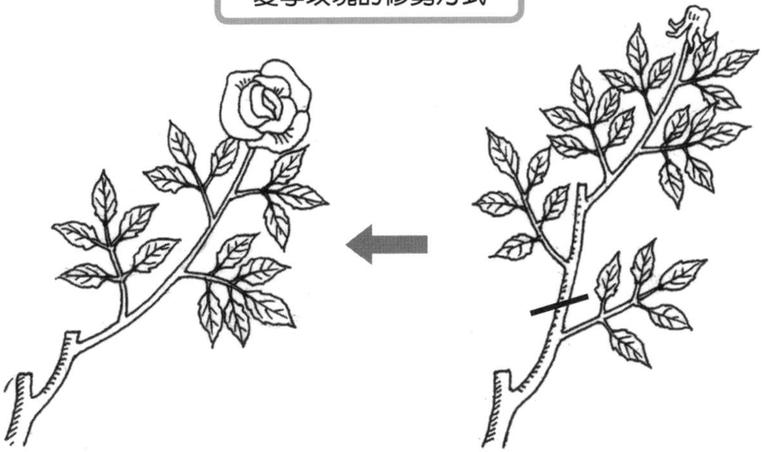

▲將春天至初夏已開花的枝條剪去。修剪時期以8月下旬至9月上旬為佳。

冬季玫瑰的修剪方式

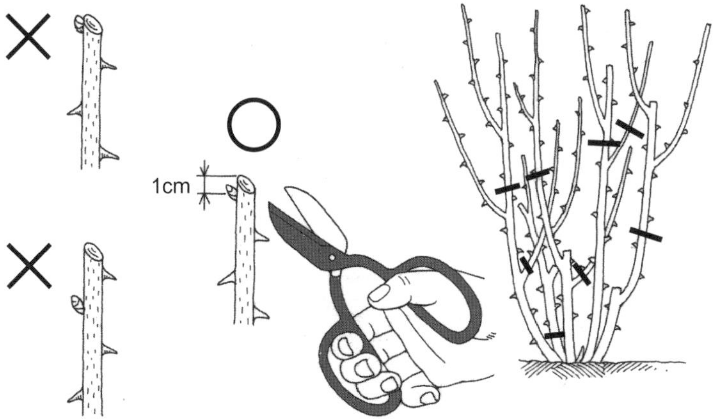

▲將枯枝和老枝由植物的基部剪去，內側交錯的枝條在修整過後可提高日照率，使葉子獲得充分舒展。修剪時期應為1月中旬至2月，在芽開始活動之前為佳。芽和切口的距離應保持1cm左右，較不易造成植株乾枯。

使用剪定鋏修剪時，如何避免造成傷痕？

花草
樹木

要訣 **以切刃靠近植株基部，受切刃置於欲切除的枝條，便可以使切口平整。**

剪定鋏分為切刃和受切刃，位於下方之下弦月型為受切刃，上方半月型則為切刃。在刀刃剪裁枝條時，受切刃有支撐固定的作用，但本身不具有修剪的功能。實際修剪時，是藉由受切刃支撐枝條，讓刀刃得以移動，將枝條剪下。

若以受切刃支撐枝條，被支撐的枝條上會留下受刃的痕跡。相對地，若是下方生長的枝條，修剪時將受切刃朝下（受切刃位於主株的基部），則會在主株基部留下刀受切刃的痕跡。因此為了避免留下受切刃的痕跡（傷痕），剪定鋏應貼近主株基部，並且修剪時應使切刃朝下（貼向植株基部那側），如此便能使切口平整。

正確握刀方式

○

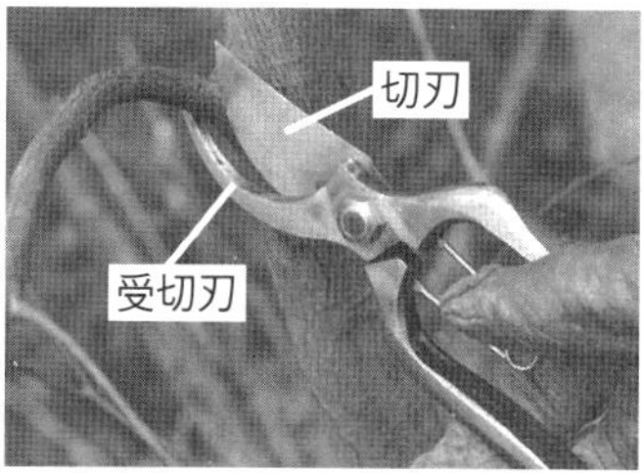

▲半月型的切刃貼近主株基部，受切刃則置於欲切除枝條的下側，將欲修剪的枝條剪除。

錯誤握刀方式

×

▲上下反握容易造成枝條卡在刀刃間、滑刀等情形，無法俐落地修剪。

Chapter

5

成功繁殖的訣竅

植物的繁殖，是一門有趣的生命科學，
一旦進入了繁殖的世界，並解開種種謎題，
就會更加愛上豐富迷人的園藝生活。

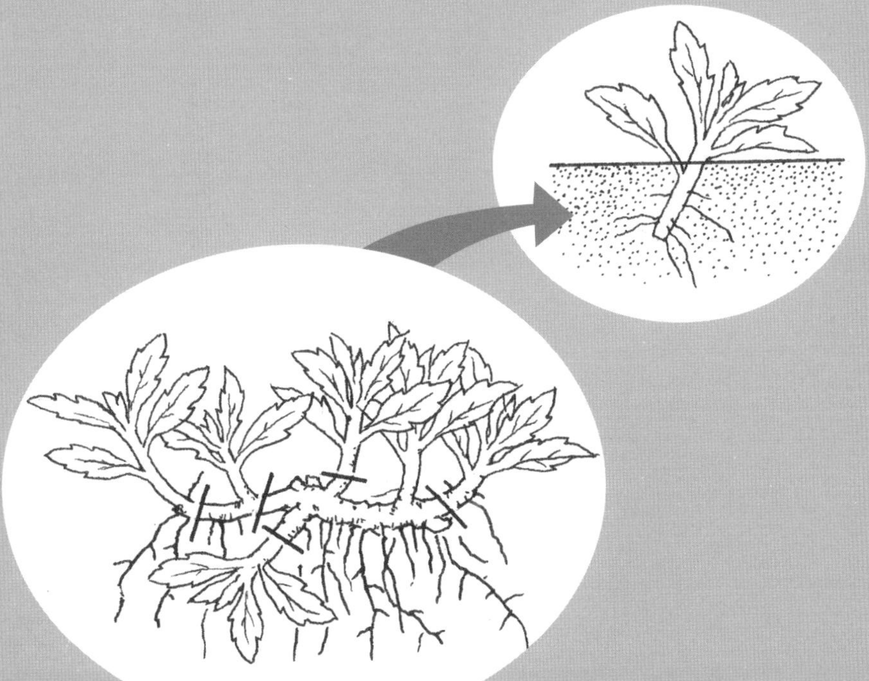

果實內的種子，該如何收集？

花草
樹木

要訣 觀察果實顏色的變化，掌握收取時機，收成後應保存於低溫、低濕的環境中。

種子成熟後，會彈裂出來飛向遠處，或像附著羽毛般乘風而去，終而落地生長。種子在移動前已十分成熟，因此應在飛走前進行摘取工作。種子的收穫適期為包覆種子（具有保護作用）的果皮開始變色時，大多數種子的果實顏色開始變化，即為近乎完全成熟，因此可進行採收。採收時的判別訣竅為，當原本為綠色的果實開始轉變為紅色或黃色後，即可採收。果實不肥大的植物，可透過果皮，觀察內部種子顏色的變化，作為收穫適期的判斷依據。其他像是成熟後會變黑的種子，其變化更是顯而易見。

果實會彈飛出來的植物，其果皮看似出現裂縫、快要蹦出來時，就是最佳的收穫時期。大家是否有觸碰鳳仙花的經驗，當鳳仙花果實中的種子轉變成黑色，只要用手觸碰，種子就會彈飛出來。鳳仙花的學名Impatiens，在拉丁語中是「忍不住」的意思，就是在形容果實忍不住迸裂，種子彈飛出來的情景。

由於彈飛型的種子果實，常常在不知不覺中就迸裂了，所以會有「發現後種子早就不見了」的情形。因此若欲有效率的收穫種子，應在果實迸開之前，以通氣性佳的袋子，或是不織布做成的小袋子將種子包覆住。用袋子將欲摘取的果實整個套住後，在果梗處以繩子或訂書針固定，如此一來，種子便不會因風雨而彈飛散去，無法摘取。固定時應注意勿傷及果梗，待果實迸裂落袋後，小心開封勿散出，便可收穫種子。

收穫的種子可以立即進行播種的工作，也可待乾燥後以種子袋保存，或以其他適合保存的方式，將種子保管至播種適期為止。

種子應保存於低溫、低濕的環境下，否則容易導致種子壽命變短。若將種子放置於高溫、高濕處，種子的發芽率便會越來越低。適合的保存溫度約為2℃左右，使用矽膠類的乾燥劑可保持低濕的效果。也可以放入密閉度高的保存容器中，或是在茶葉罐中放入乾燥劑，種子則以紙袋包住後放入密封保存，若能這樣保存，種子約可放置一年左右，且植物的發芽率不會受到影響。

收集種子的方式

▲聖誕玫瑰授粉後，子房部分會膨脹。

▲以市售的茶葉袋將整個花朵包覆於袋中。

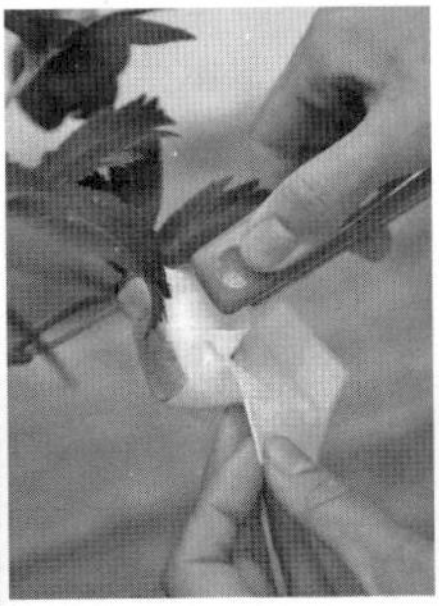

▲將袋口仔細包覆，以訂書針固定。

▲待種子迸落袋中後，小心打開並取下，即收集完成。

種子又分為春播與秋播，有何不同？

花草

樹木

要訣　為了配合種子原生地的氣候，又分為春天播種植物及秋天播種植物。

一年生草本植物又可分為春播及秋播，典型的春播花草有向日葵、波斯菊、牽牛花、萬壽菊以及百日草等；秋播花草則有金魚草、葉牡丹、三色堇、紫羅蘭等。

仔細觀察上述植物，春播植物因其故鄉多半為低緯度的溫暖地區或是炎熱地帶，因此多半不耐寒，不具備適應寒冷環境的調節機能，若遇降霜等情形，容易造成組織受損或枯萎。相對地，秋播植物則是耐寒卻不耐夏日的酷熱。秋播植物從秋天種下後，歷經冬天直至春天開花的溫帶植物，所以在寒冷的環境中能仍存活。**唯秋播植物不耐梅雨等高溫多濕環境，炎熱及蒸氣容易導致植物受損或枯死。**

日本播種的適期，通常春天可以用染井吉野櫻、秋天以紅花石蒜開花的時期作為基準，在此基準下，即便地點不同或是每年的天氣有所差異，仍可以確切的掌握播種時機。舉例而言，若今年的染井吉野櫻比往年早了一個禮拜開花，即代表著該時期的天氣已十分暖和，適合播下種子。因此播種時不須過度在意日期，只需依此基準便可使植物順利生長。

春播一年生草本植物

▲羽元雞冠花

▲藿香薊

▲波斯菊

春播植物

藿香薊、牽牛花、雞冠花、波斯菊、一串紅、向日葵、百日草、矮牽牛、鳳仙花、松葉牡丹、萬壽菊等等。

秋播一年生草本植物

▲金魚草

▲三色堇、香堇菜

▲勿忘草

秋播植物

金魚草、金盞花、紫羅蘭、石竹、雛菊、葉牡丹、三色堇、香堇菜、虞美人、福祿考、西洋松蟲草、六倍利、勿忘草等。

好光性種子和嫌光性種子，有何不同？

花草

樹木

要訣 好光性種子需要接受日照才能發芽，嫌光性種子種植時需要覆土。

需要光照的種子稱為好光性種子（又稱光發芽種子），大多為細小的種子，種植時不覆土，使其接受光照；不喜歡光照的種子稱為嫌光性種子（又稱暗發芽種子），種植時需覆土。矮牽牛、報春花屬、彩葉草、四季秋海棠、非洲鳳仙花等為好光性植物；百日草、仙客來、雁來紅、虞美人等為嫌光性植物。

在強光照射下發育良好的植物（陽生植物），多數在發芽時需要光照，由於此類植物已適應了在這樣的條件環境下繁殖生長，故沒有光照便無法發芽。

大多細小的種子，其所貯存的養分不夠充足，若深埋土中，有可能將貯存的養分消耗殆盡，仍無法發芽。**讓種子直接得到光照、促使發芽，對其生存十分重要。**種子發芽後，再透過光合作用，即便所貯藏的養分不多，仍可以持續進行初期生長。

如同上述，植物延續生命的戰略之一，便是藉由光線照射，促使發芽生長。

好光性植物＆嫌光性植物

▲好光性植物：矮牽牛。

▲嫌光性植物：仙客來。

Column

種子有哪些播種方式？

根據植物的性質與種子的大小，可分為「撒播」、「條播」、「點播」等播種方式。

直接將花草的種子播種於農地或是庭院（直播），又可分為撒播、條播、點播等三種方式。

撒播為均匀大範圍地將種子撒於地面，適用於冰島罌粟、松葉牡丹等纖細植物的種子。條播則適用於翠菊、紫羅蘭、紅蘿蔔、蔥等中、小型的種子播種。耕地整地後將農田規劃為條狀，並將種子成行的播入土中，行與行的間隔依作物的高度、植物的大小，及栽種的目的等分別做不同的調整。作物若發芽後，應將混雜處稍做整理，以拉開生長的空間。

點播方式則適用於香豌豆、金蓮花、毛豆、白蘿蔔等大型種子。方法為保持一定的間距劃行，並在播行上每隔一定距離開穴播種，一個地方約播入二～三顆種子為佳。若能依作物的特性選擇不同的播種方式，日後的管理也更為方便。

直接播種法

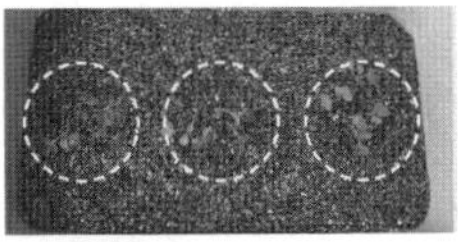

❶ 點播
劃分出播種的區域，視栽種的作物，調整區域的間距。適用於種子較大的豆類或是牽牛花種子等等。

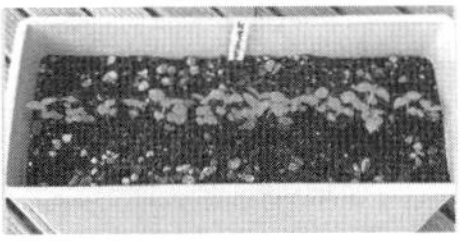

❷ 條播
先劃出條狀的淺溝，再沿著淺溝撒入種子。適時的調整空間，有利於植物的舒展。適用於大型葉片的蔬菜，或是一年生草本植物等。

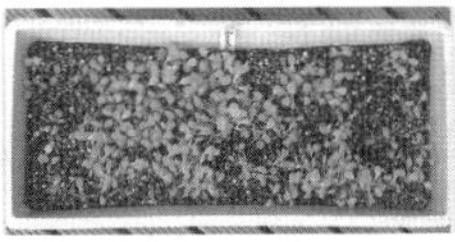

❸ 撒播
將種子均匀播撒在整個盆器，應盡可能播撒均匀，生長過程中應留意植物間的距離。適用於中型、小型葉片的蔬菜或花草等。

水分不足，植物便無法發芽？

花草 樹木

要訣 **水分具有啟動種子生理機能的作用，是維持植物生長的必要元素。**

植物發芽需要適度的溫度、水分及氧氣，其中最重要的便是水分，一旦缺乏水分，種子便無法萌芽。種子吸收大量的水，並利用水分合成發芽所需的蛋白質，就此展開生理代謝活動。水分滋潤種子，使其脹大，讓細胞內的器官及物質達到活性，具有增進代謝活動的溶劑功能。**因此，若水分不足或是全然缺水等狀態，種子便無法順利完成一開始的生理代謝活動。**

種子當中的胚開始生長，並隨著細胞分裂的進行逐漸增大，最後胚便能突破其保護層種皮竄出。一旦種子萌芽，幼根與幼芽便會開始生長，並急遽地吸取水分，做為細胞分裂所需之用。若土壤中的水分不夠充足，便無法供給種子所需之水分，因而導致植物無法發芽。此外，有時即使土壤中的水分已十分充足，卻因含有過多的鹽分，導致水分滲透壓過高，阻礙了種子的水分吸收。鹽分過多的原因，是來自於肥料的含量過多，因此播撒種子於土壤時，應避免土壤中的肥料含量過多，播種後也應暫時不要施肥，視其生長階段所需再施予肥料即可。

播種後透過澆水等方式，讓種子由土壤吸收水分，使植物開始朝向發芽的階段邁進。

Column

種子遲遲不發芽，是什麼原因？

花草 樹木

生長於溫帶的植物，若沒有滿足其所需的低溫條件，便不會萌芽。

多數的溫帶樹木或多年生草本植物，在種子成熟後，會進入一段休眠期間。因為在大自然運轉之下，種子成熟落地時多半正逢冬季，該時節對種子發芽及生長而言，絕非適當的環境。種子落下後，不會馬上發芽，待春天溫度升高後才會萌芽，因而種子成熟後，發展出休眠機制。欲使其從休眠狀態中甦醒，必須經過一定時間的低溫期，而該低溫期與植物原生地的冬眠期長短相符，此即為達到發芽最適環境（氣溫等）所需的期間。

在屋外播種後，一般會經過一段寒冷的冬季時期，於隔年的春天萌芽，但是有時候即使經過了一整年的時間，種子仍無法萌芽，這是由於第一年的低溫時間過短，種子需要再多一個冬天的低溫時期，才能滿足所需的低溫條件，從休眠狀態中甦醒萌芽。

生長於有冬季溫帶環境下的植物，即使播種後也常會有沒有萌芽，及似乎忘了發芽的情形發生。若將播種後的盆器直接放置於冰箱冷藏約二～三個月，亦可促進植物於第一年就萌芽。

容易休眠的種子

銀蓮花、野茉莉、葛藤、鐵線蓮、夏椿、花楸、刺槐、玫瑰、圓葉木、四照花。

想確保種子發芽，有什麼方式？

花草
樹木

要訣 **提供適合的溫度、並滿足特殊的發芽需求。**

一般而言，**只要滿足溫度、水分及氧氣三項基本條件，種子便可以萌芽**。部分種子還需要滿足其光線、低溫等特別條件，才能發芽。

植物的發芽適溫，與其在原生地自然萌芽時的溫度相符，因此若在一般自然的狀態下，應在此適溫下進行播種的工作。若播種工作於非發芽適期時進行，就必須將種子加溫（將播種後的種子放入室內管理），或是放置於冷氣房內降溫。

播種時，選用排水性、保水性佳的用土，有助於氧分的供給，此時用土主要為提供發芽及初期生長之用，所以無須考量肥料的成分。若為好光性種子應避免覆蓋土壤，若為嫌光性種子，覆蓋的土壤厚度，約為種子大小的兩倍即可，避免蓋上過厚的土壤。播種後應澆入大量的水，避免乾燥。由於種子體積較小，有時由上方澆水，可能會讓種子沖散或流走，此時可透過由底部吸收水分的方式，進行水分補給。

其他特殊條件，如需要光照的矮牽牛與西洋報春花等植物，需要於低溫下才能發芽的報春花、玫瑰及溫帶花木等。如果種子在非濕潤的狀態下，則無法達到低溫的效果，需多加留意。

有時候即便滿足了上述的條件，種子仍無法萌芽，那是由於這些種子尚有其特殊性。舉例來說，該情形常見於豆科的植物，又稱為硬實種子。由於種皮較硬，若不加以處理而直接播種，便難以發芽。此時可以透過刻傷種皮，或是將之浸泡於溫水中，使其吸飽水分，以促進種子發芽。

由於溫帶植物的種子大多在成熟後即進入休眠的狀態，且往往休眠後便難以喚醒，若當年無法進行播種而將種子擱置，則種子又會進入更深層的休眠狀態。由於休眠是植物體內賀爾蒙調節所造成，因此欲將種子喚醒，就必須改變荷爾蒙的狀態，常見的喚醒方式是利用植物荷爾蒙激勃素處理，因為激勃素具有降低休眠荷爾蒙量的作用。**取用適當濃度的激勃素溶於水中後，將種子浸泡於其中，大約為期一日，便可打破種子的休眠狀態，促使萌芽。**經過激勃素處理後的種子，再以一般的方式播種即可。激勃素通常可於賣場或園藝相關店鋪購得，大多以粉末方式販售。使用時，應依照產品說明，調製規定的稀釋倍率，溶解於水後再行使用。

牽牛花的播種方式

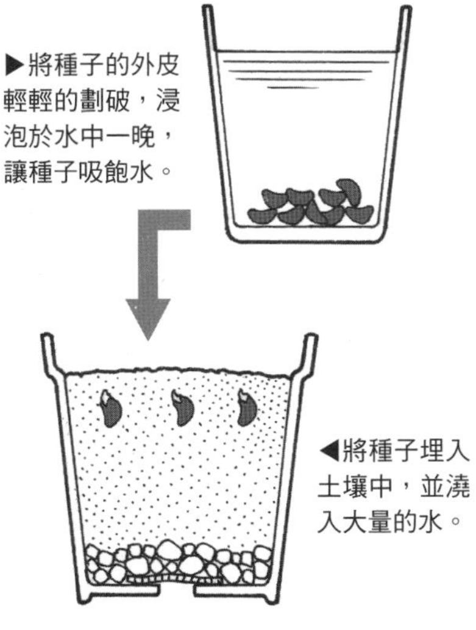
▶將種子的外皮輕輕的劃破，浸泡於水中一晚，讓種子吸飽水。
◀將種子埋入土壤中，並澆入大量的水。

播種時的注意事項

＊刻傷表面

牽牛花、紫花苜蓿、四季豆、秋葵、苦瓜、香豌豆、大豆、羽扇豆、紫雲英等等。

＊泡水

牽牛花、四季豆、秋葵、香豌豆、大豆等。

＊以熱水沖洗外皮

美女櫻等。

＊冷藏

報春花、玫瑰等。

＊剝殼

西洋松蟲草、千日紅、金蓮花等。

進行扦插時，葉子保留越少越好？

樹木

要訣　**葉子保留太多，會使水分快速蒸散；葉子保留太少，會導致發根遲緩，需取得平衡。**

扦插法是指將枝條或莖剪下一定的長度後，插入土中繁殖，而該枝條稱為「插穗」。

雖然插穗切斷了原本由根部所供給的水分，但是呼吸作用仍持續進行，由葉背的氣孔（空氣進出的場所），將水分以蒸氣的方式排出（蒸散作用）。一旦蒸發的水量超出插穗切口處所吸取的水量，植物體內的水分便會不足，導致枯萎。因此，為了配合吸收的水量，應減少葉子的蒸散量，可透過減少插穗的葉子，來減少水分的蒸散耗損，達到水分供需平衡。

若插穗上的葉量較多，或是葉片面積較大，不僅插穗的水分蒸散量高，其呼吸量亦會增加，因而消耗了貯存於其中的養分，使植物較易枯萎；若留下的葉子較少，或是葉片面積較小，則可能導致發根較為遲緩，因發根所需的養分是由光合作用製造碳水化合物而來，過少的葉量無法合成碳水化合物，而導致發根遲緩。此外，葉子亦有產出誘導發根物質的功能，而該物質必須藉由碳水化合物才能產出。

由上述可知，**扦插最重要的是讓根部得以生長，順利吸收水量。在插枝育成幼苗前，如何維持蒸散與吸收間的平衡，是扦插繁殖成功與否的關鍵。**

嫩枝插

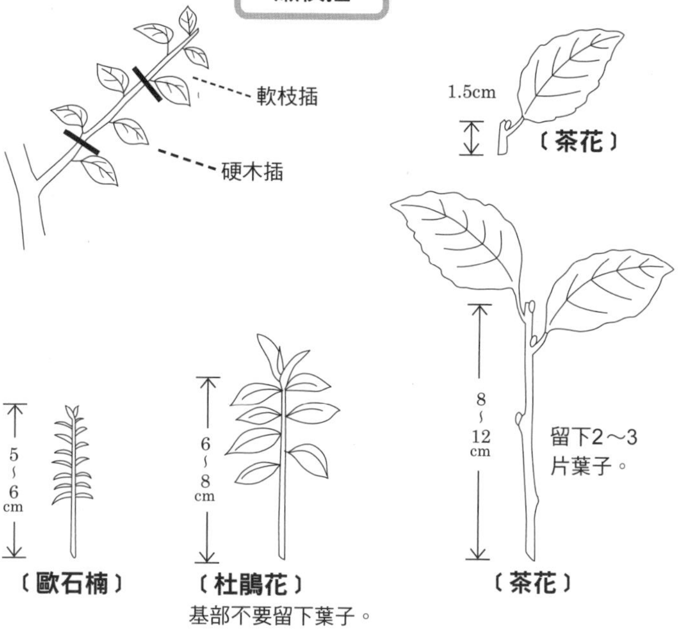
軟枝插
硬木插
1.5cm
〔茶花〕
5~6cm
〔歐石楠〕
6~8cm
〔杜鵑花〕
基部不要留下葉子。
8~12cm
留下2～3片葉子。
〔茶花〕

老枝插

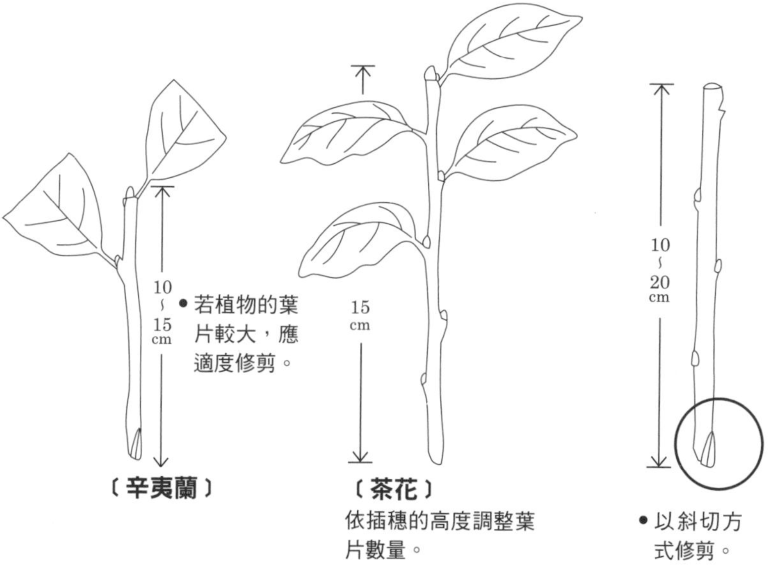
10~15cm
•若植物的葉片較大，應適度修剪。
〔辛夷蘭〕
15cm
〔茶花〕
依插穗的高度調整葉片數量。
10~20cm
•以斜切方式修剪。

扦插時，適合何種介質？

花草

樹木

要訣 應選用透氣度高、不含肥料的介質。

進行扦插時，選用的介質需掌握幾個要點：❶透氣度高、❷保水性及排水性佳、❸清潔無菌、❹不含有機物質與養分。若介質含有有機質或肥料等成分，容易造成細菌於切口處孳生繁殖，最後導致插穗腐壞。

選擇健全有活力的枝條作為插穗，是成功扦插的首要條件。而健全枝條指的並非是於春天萌芽、甫生長延伸的軟弱枝條，而是已開花、停止伸長後，成為堅硬且健康的枝條。

此外，插穗應保有葉子，因為發根所需之養分，是透過葉子行光合作用轉化為碳水化合物而成。但為了保持由水分蒸散與吸收之間的平衡，也應限制插穗葉子的數量。

基於上述原因，扦插適用的材料包括河砂、鹿沼土、赤玉土、珍珠石、蛭石等不含養分的介質。

適合扦插的介質

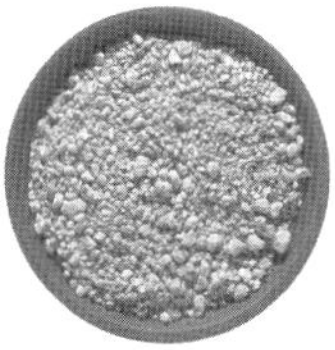

▲鹿沼土

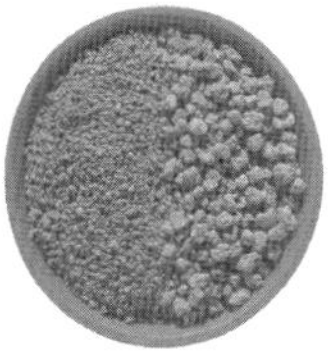

▲赤玉土

▲珍珠石

▲蛭石

使用發根劑，有助於扦插繁殖嗎？

花草 樹木

要訣 在插穗的切口處，塗抹濃度適中的發根劑，有助於提高扦插的成功率。

植物是由葉和芽形成發根物質後，將之傳遞到插穗的莖部，以促使發根，或是也可以使用發根劑來促進發根。

多數扦插用的發根劑都含有生長素，生長素為植物荷爾蒙，為發根相關的物質之一，所以在插穗的切口處施用發根劑再進行扦插，便可提高發根率。不過，若施用過量，反而會阻礙發根，應多加留意其「最適濃度」。

含有生長素的發根劑一般在大賣場、園藝店皆可購得，通常有粉末狀與液狀兩種形式。除了利用植物荷爾蒙作用外，鐵離子等亦可促進發根。

發根劑的使用方法

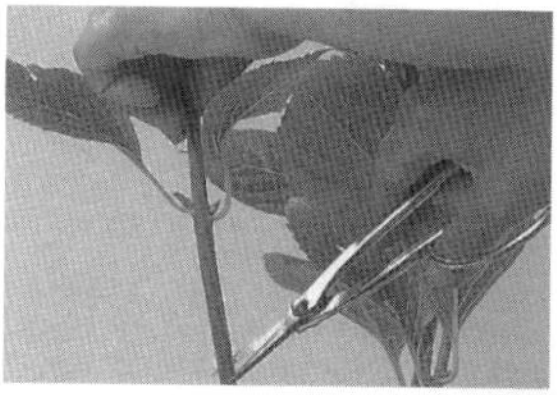

1 剪下插穗

選用銳利的剪刀，以斜角方式由植物基部剪下。

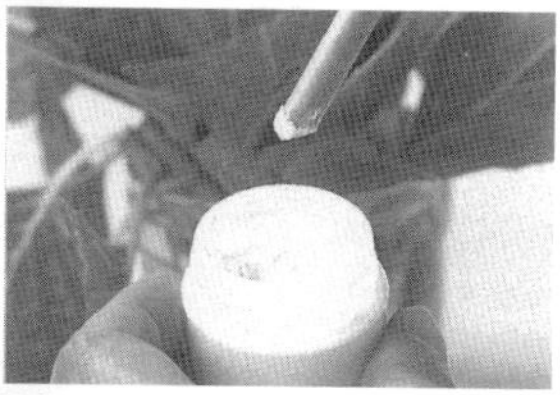

2 沾上發根劑

浸泡於水中約一小時，使之充分吸水，再沾上發根劑。

3 植入

先以免洗筷將土壤戳一小洞，再將插穗插入植穴中。

扦插後需放置於遮陰處，為什麼？

花草　樹木

要訣 扦插後置於遮陰處，可以降低水分蒸發量，有利於植物生長。

扦插時為了防止水分蒸散，會先修剪插穗的葉子。然而即便葉子減少了，若扦插後直接放置於日照處曝曬，葉子的水分蒸散量不減反增，插穗的切口處無法吸取到足夠的水量，仍會導致植物枯萎。

為了抑制扦插後的水分蒸發量、防止枯萎，應將植物放置於遮陰處（也可以置於遮光率30～50%的遮光網下）。在晴天日照下，植物為了進行光合作用，位於葉表（多為葉背處）的氣孔便會張開，成為空氣的進出口，進行氣體交換（吸取二氧化碳）。在進行氣體交換的同時，水分亦會由氣孔蒸發，藉由水分蒸發，吸收汽化熱，更有助於達到降溫的效果。

扦插後，應放置於遮陰處

▲若沒有遮陰的環境，可將遮光網（遮光率30～50%）加裝在木框上，並斜靠於牆角，將扦插後的盆栽置於此處。需注意木框務必穩固，切勿倒下。

扦插成功率最高的季節，是在何時？

花草 樹木

要訣 梅雨季節與涼爽的秋天，溫暖且濕度高，扦插繁殖的成功率最高。

一般而言，除了盛夏和新梢露出的春天之外，多數的植物隨時皆可進行扦插。六月和秋天尤為適期，在該時期進行扦插的成功率更高。

於六月進行扦插，又稱為「梅雨期扦插」。由於該時期新梢暫停生長，枝條亦多，更能挑選出品質佳的插穗。為了促使發根，插床的合適溫度依植物而異，通常以23～25℃為佳。由於扦插時必須降低由葉子排出的蒸散量，避免植物體內的水分減少，在扦插後應盡可能地保持高濕度。由上述可知，六月的梅雨期的溫度及濕度，對扦插而言是最適當的時期。

此外，秋天是過了盛夏的高溫期，溫度開始下降的時期，對枝條的營養需求而言，亦為絕佳的時期。不過若是秋天來得較遲，氣溫開始下降，便不易發根。**冬天不是扦插的適期，若需於此時扦插，務必選用容易發根的植物或溫室植物等，在符合一定的條件下進行。**

提高發根率的扦插技巧

◀為了維持濕度及溫度，可將扦插枝條放置於溫暖的窗邊或屋簷下，並以透明塑膠袋完整包覆住，提高發根率。扦插工作於梅雨季節進行為佳。

進行空中壓條繁殖時，為什麼需要剝皮？

要訣 利用剝皮後的內部養分，促使新根生長。

空中壓條法是將苗木下方的樹皮剝除，並以水苔包覆該剝除的部位，最後再以塑膠袋等不透水的材質將之包緊，避免乾枯。這種將樹皮周圍依環形剝除的方法稱為「環狀剝皮」。

進行大型樹木的移植時，為了促進發根，會挖出比去年或前年稍大範圍的根群，該方法稱為「斷根」。斷根是留下較粗的根，切除其他的根，並將留下的粗根進行環狀剝皮，以促進新根生長。

葉子經由光合作用製造的養分，會由樹皮的通道（韌皮部）輸往植物的底部，透過剝除樹皮的方式，讓植物由上往下的運輸通道受阻，一旦受阻，養分便會堆積於剝除樹皮位置的上方，造成該部位肥大。植物會利用這些養分長出新根，順利繁殖。

空中壓條繁殖的方式

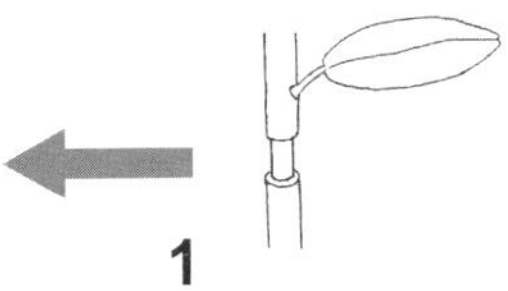

1
將樹皮以環狀方式切割一圈，將此圈表皮剝除，小心勿傷及木質部。

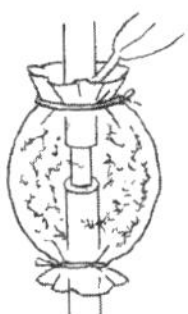

2
剝皮後，以濕水苔包裹傷口，再用塑膠袋將上下兩端綑綁緊密。

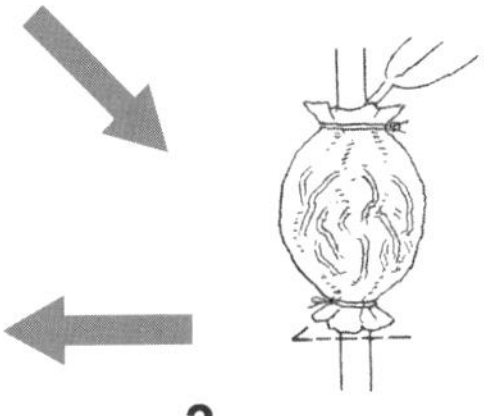

3
經過一段時間，便可觀察到袋內根部生長的情形。

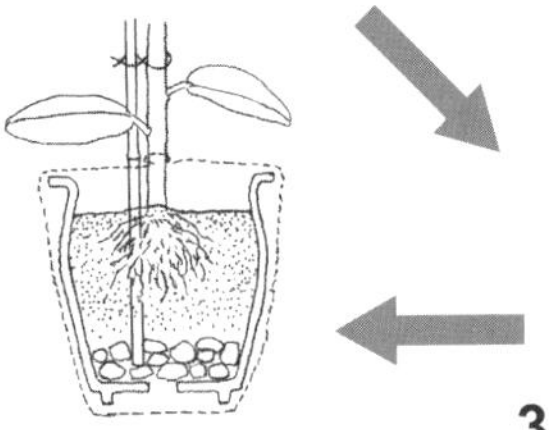

4
待充分發根後，從水苔下方切下，再將枝條直接栽種於盆器內，並在一旁立上支柱幫助支撐。

Chapter 6

盆器種植的管理

利用盆器種植，用土量比地面栽培來得少，
且移動方便，可以更隨心所欲的打造栽培環境，
享受園藝之樂。

盆栽適合放於室內或室外？

要訣 需要光照的植物，需放置於室外光照處；喜歡半日陰的植物，可放置於室內。

各種植物因原生地的不同，對於適合生長的環境條件亦有所異。有些植物喜歡生長於日照充足的地方，有些則喜歡生長在日陰處；有些植物喜歡生長於乾燥的地區，有些則喜歡生長於潮濕處。

喜歡生長在日照環境良好的陽生植物，應擺放於室外栽種，如將其放在光線不足的室內，就容易失去活力與生氣；喜歡生長於半日陰處的陰生植物，可置於室內栽種，若放在陽光直射處，則可能會導致枯萎。很多觀葉植物大多為陰生植物，可於室內栽種。

選擇盆栽放置的地點時，應確實地調查植物原生地的環境，並盡可能將其放置於相似的環境條件之中。

喜好日陰處的纖細斑葉植物

▲葉子有斑紋，在半日陰處更凸顯其明亮的色彩。如玉簪屬、蠻根屬等。

生長於乾燥區域的岩生多肉植物

▲南非岩石遍佈的原野中，仍堅忍不拔求生存的銀波錦屬植物。

花草

樹木

Column

什麼是「植物文化遺產」？

花草
樹木

將越來越稀少、貴重的園藝植物，進行維護與保存，將之傳承。

日本人自萬葉時代（約七世紀後半~八世紀後半，大約是中國的唐朝時期），越來越多人喜愛花卉，開始出現了栽種園藝植物的現象。流傳到了江戶時代，從武士到一般庶民皆喜好接觸園藝，不論是日本原有的報春花，還是從中國輸入的菊花、牽牛花等，栽種了為數眾多的植物。然而這些珍貴的園藝植物，如今卻面臨了急需善加保存的狀態，因為一旦絕種，往後便不可能再出現。

在英國，會將具有傳承價值的景點、花園、建築等納入自然遺產，以國家名勝古蹟信託 National Trust 的方式，做好維持與管理。植物界亦有類似的組織，且英國早期便以民間管理的方式著手進行整備，透過喜歡植物的志工來維持與管理園藝植物。

在英國領土中，約有六百五十處被指定為保存地，裡面保存及承繼了大量的園藝植物 National Plant Collection，並將英國全國販賣的園藝植物編列清單，列舉出超過七萬五千種以上的植物，於何處栽種何種植物，一目瞭然，透過該清單還可以了解到相關的知識，可說是現代版的植物手冊。

園藝植物是人類經年累月所培育出來的「活的文化遺產」，是極為珍貴的基礎建設，需持續保存、不能中斷。日本也正在整理規劃，將越來越稀少、貴重的園藝植物資源進行維護與保存，將之傳承。

移植後需放置於半日陰處，為什麼？

花草
樹木

要訣 移植時容易傷及根部，造成吸水力降低，為了抑制蒸散量，應放置於半日陰處。

移植時，由於切除根部會導致植物的吸水力低落，若直接將之放置於日照佳的地方，葉子蒸散量會超過根部的吸水量，導致植株水分日益不足，造成露出地面的部位枯萎。此外，由於該時期根部的水分吸收量變低，應避免澆入過多的水量。

相較於日照處，半日陰處下的光合作用進行較不旺盛，蒸發速度亦較緩和，可以抑制水分的蒸發，因此即使根部的水分供給量較少，亦不會發生缺水的情形，當根部和露出地面之間的水分能夠達到平衡，就不會造成枯萎。

「全日陰」與「半日陰」如何區分？

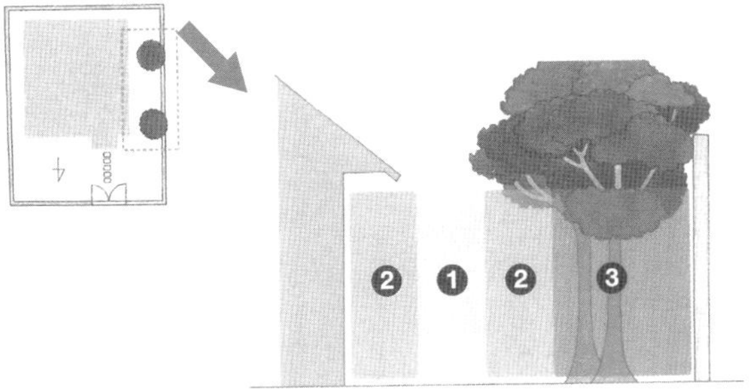

❶ **明亮的半日陰**：一天當中，幾乎全天都有間接光照*，只有數小時稍無日照。

❷ **半日陰**：一天當中，半天以上有間接光照，只有約四個小時為無日照。

❸ **全日陰**：幾乎一整天都沒有直接的光照。

＊間接光照：非直射日照，是透過反射等方式讓周圍聚光。

放置地點不同，日照及通風條件也隨之不同

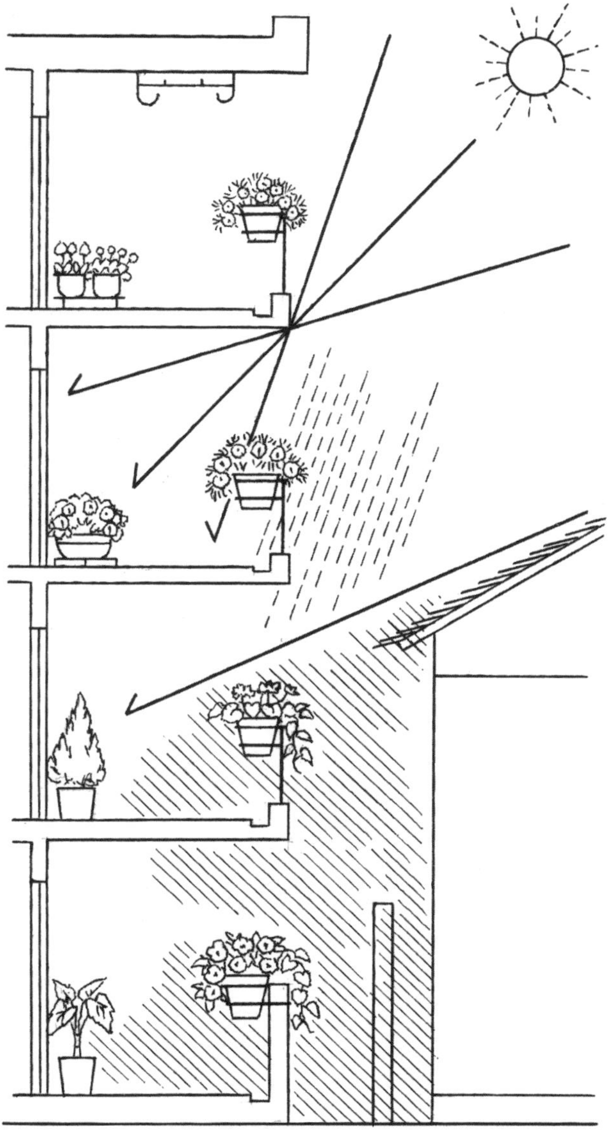

即使位於同一棟建築物的相同座向的房間，周遭的環境仍會改變日照、通風等條件。

◀4樓：雖然日照及通風佳，但屋頂所吸收的輻射熱有可能讓植物受傷。

◀3樓：上層天花板可遮陽。依時間的推移，日照亦會不同。

◀2樓：建築物附近可以獲得直射日照，但受到隔壁屋簷的影響，陽台處一天之中大多為半日陰。

◀1樓：一天之中缺乏直射日照，只能透過聚集間接光源的方式獲得光照。和隔壁住宅之間的圍牆，可能會導致通風不佳。

盆底需放入盆底石，為什麼？

要訣 鋪放盆底石，有助於提高排水性及通氣性。

盆底的孔洞可以幫助排出多餘的水分，及可由盆底供給空氣（氧氣）之功用。只要用土的粒子大小選用得宜，盆底放入盆底石與否，對植物的生長不會有太大的影響，但一般市售的培養土，雜質含量較多，應放入盆底石為佳。

若用土的雜質量少、排水性佳，且為小型盆栽（五號盆栽），便可以免去放置盆底石。如果沒有鋪放盆底石，害蟲或是蛞蝓有可能會由盆栽的孔洞鑽入，因此可放入比孔洞稍大的石頭封住、或是用硬底細網鋪放於盆底。

近年來，市面上盛行著一款裂縫型盆器，**其孔洞開於四周呈長縫型**，有別於其他孔洞位於底部的盆器，其具有良好通氣性，所以亦可免去鋪放盆底石。

盆底石鋪放的方式

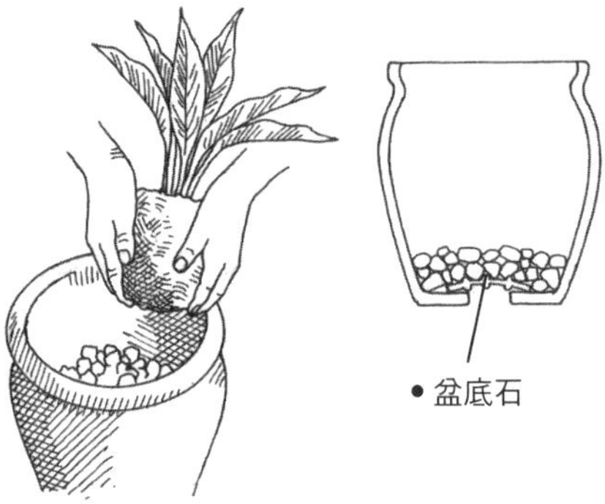

▲若栽種觀葉植物或是栽種於較大盆器時，放入盆底石可以提高通氣性。

裂縫型盆器

▲盆器側邊有若干長縫型的孔洞，排水及通氣性皆佳。大多為塑膠材質。

花草

樹木

盆土不能裝滿，需保留一點空間，為什麼？

花草　樹木

要訣 盆土上方應預留二到三公分，做為澆水時水分的蓄積空間。

進行盆栽的澆水工作時，應施予大量的水，直至多餘水分從盆底排出為止。藉由澆入充足的水分，讓盆栽中的用土獲得新鮮空氣，將新的氧氣輸往根部。若用土盛裝過滿至盆緣，澆下的水便會溢出盆外，導致水分無法滲透至土壤穿至盆底。

為了讓土壤能夠充分的獲取水分，盆土表面和盆緣之間應保留適當的空間，讓澆下的水可以蓄積在盆緣往下的二～三公分處，不會溢流至盆外。總結上述，盆栽種植時，盆土上方應保留儲存水分的空間。

水分的流動方式

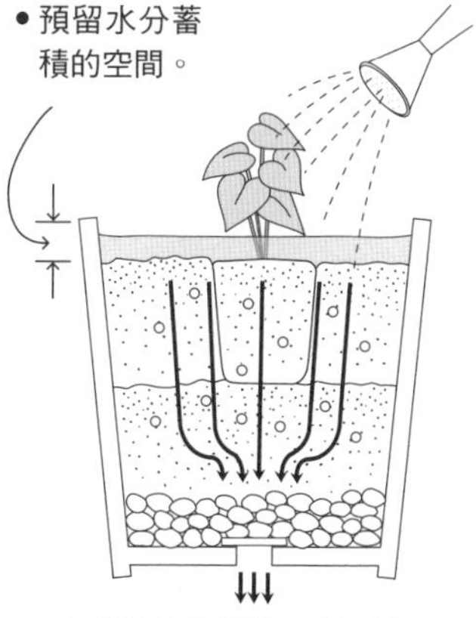

▲水分進入盆器後，便可滲入土壤之中，藉此帶出滯留於土壤中的空氣，讓盆栽內的空氣得以更新。

澆入大量的水分

▲澆水時，需澆入大量的水，直至水從盆底流出為止。若僅有表面土壤濕潤，則無法使盆內空氣得到更新作用。

各種材質的盆器，該如何挑選？

花草
樹木

要訣 盆器的材質，會影響透水性與通氣性，需視栽種環境與管理方式，加以選擇。

盆器有許多不同的材質，像是陶器、瓷器、瓦（素燒）、塑膠、木材等。各種材質的盆器特色不同，最大的差異在於透水性，而透水性還會伴隨著影響透氣性。

一般而言，塑膠盆器、陶器、瓷器等皆不具有透水性及通氣性，唯獨**素燒盆器具有這兩項特性，可以使根部進行呼吸作用，可說是最為理想的盆器**。素燒盆器在澆水過後，水分可適度地由盆器表面蒸發，或由盆底孔洞排出，若置於通風佳之處，也會變得較易乾燥。由於盆器擺放的位子，亦會影響土壤的乾燥程度，所以需多加留意，當土壤變乾時就需予以補充水分，或每天定時的澆水。

相對地，塑膠盆器、瓷器或一般的陶器，由於僅會由盆底的孔洞排出水分，不如素燒盆器易乾，所以應減少澆水量與澆水頻率。由此可見，若欲減少澆水的次數，應選用素燒盆器以外的材質。此外，塑膠盆器材質輕，移動上較為方便，價格亦較為低廉，深受許多栽種者喜愛。

若欲作為展示觀賞，或為玄關擺設之用，建議選用陶瓷器或陶瓦等材質，添加其美感，雖然價格較為昂貴，卻也能帶來較高的觀賞價值。

各種不同材質的盆器

〔適用於栽種高山野草的陶瓷製燒盆〕

▲傳市缽、櫸缽、丹滿缽、訂製缽。

〔可對抗夏日酷暑的盆器〕

▲火山岩之加工盆器、冷水缽、斷熱盆抗火石之加工盆器、苔缽。

〔塑膠盆器〕

▲價格低廉、輕盈且使用方便，缺點為容易傾倒。

〔次高溫素燒盆〕

▲分成3號、3.5號、4號、5號等大小，適合栽種幼苗時使用。

換盆前，需先進行修剪，為什麼？

樹木

要訣 為了使植株順利的成長，移植前應做好修剪工作。

通常植物長大後，根系會纏繞糾結在一起，為了避免於盆內形成盤根，必須進行換盆的工作。換盆的過程中，往往會造成根部斷掉或受損等情形，一旦根部斷掉，其吸水量便會隨之降低，與水分蒸散量無法達成平衡，當水分蒸散量高於吸水量時，就會導致植物枯萎，所以為了降低水分蒸散量，需進行修剪。

修剪不僅可以避免換盆後植物發生枯萎的情形，藉由適度修剪，能使修剪過的枝條長出新枝，亦會長出新根，所以換盆前，應仔細評估植物的整體狀態後，再進行修剪。

修剪前，需先評估植物整體枝條，將枝幹（莖）交錯處疏開，橫向生長、會影響其他樹枝發展的橫枝，則由其著生的根部剪去。此外，生長方向不一致的枝條，由接近地面處裁剪下來，枯枝及受病蟲害侵蝕的樹枝亦須加以移除。透過修剪，將樹型加以整頓，再進行換盆。

▲換盆前的修剪，是為了減輕樹木的負擔，修整的重點在於讓樹木處於容易存活的狀態。

換盆前的修剪重點

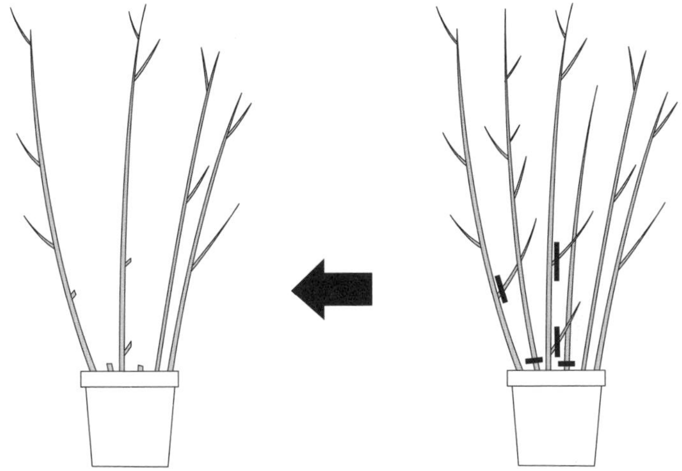

▲檢查是否有枯枝或病蟲害，將之移除後再進行移植。

▲觀察枝幹整體的生長方式，剪除約1/3的枝條。

外來植物需管制，為什麼？

曾有機會造訪紐西蘭，發現該國對於攜帶植物的管制相當嚴密。例如，若是入境時被發現攜帶梅子，便會立即處以罰金。後來才知道，紐西蘭對於外來植物的審查如此嚴密，有其理由。

紐西蘭氣候終年溫暖，日照亦佳，適合孕育各種植物生長。目前為止所輸入的外來植物，以「羽扇豆」、「金雀花」、「百子蘭」三種侵略型植物為代表，皆由氣候相似的國家輸入，卻擾亂了紐西蘭的自然環境。其中原產於地中海的金雀花，茂密繁殖於山丘斜坡，開花時期滿山遍野、一片鮮黃。

在日本，劍葉金雞菊及金光菊，亦被列管為禁止栽種的特定外來植物。因此輸入外來植物作為園藝植物時，應留意其繁殖力。

換盆時，需要選用大一號的盆器，為什麼？

花草

樹木

要訣 **為了提供根系更充足的伸展空間，需選用大一號的盆器。**

植物會受限於盆栽的大小而無法長大，所以換盆時應選用大一號的盆器，以幫助成長。

植物生長時，土壤裡的根部會不斷延伸，若盆器的空間有限，根部的延伸範圍就會因此受限，最後會導致根部纏繞糾結，因此應在根系纏繞前，進行換盆工作。

若不希望植物長大，或想控制其大小，可利用原來的盆器進行換土後，再重新栽種，栽種前需將根系適度修剪再種植。

一般而言，換盆是為了讓日漸生長的植株，得到更佳的生長環境，提供新根足夠的伸展空間，所以為確保其空間，換盆時應選用大一號的盆器。

換盆的方式

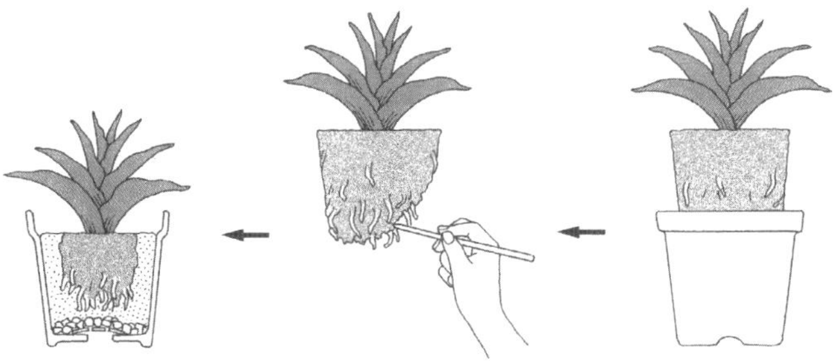

▲將植物由盆器中取出。

▲根系以筷子等工具將下方1/3左右的盤根疏開。

▲放入大一號的盆器中，再填以新的用土。

盆景樹不能種在大盆器中，為什麼？

樹木

要訣 為觀賞植物的原始姿態，需藉由小盆器控制整體的伸展。

我們將原本生長於大自然中的植物種在盆器裡，以方便我們栽培與觀賞。因此，維持植物原本在自然界中生長的真實狀態，是樹木盆景最主要的種植精神，故不能任由枝條恣意地生長，需盡可能地保留樹木本身的自然風情。

通常枝條的延伸會伴隨著根部的生長，因此，若欲抑制枝條伸長，便必須限制根部的延伸範圍（根域）。將較大的植物放入相對較小的盆器中栽種，當根部生長受到抑制時，便能輕易地控制枝條的生長。

進行換盆時，應先修整纏繞的根系，除去舊的土壤、再填入新土壤後，放入相同大小的盆器中栽種，藉由控制根部延展空間，讓地面上的枝條不會過度成長，保留植物原本的自然風情。

地下根域與地上枝條成比例伸長

●葉子長至10～12片時，由枝頭處摘取下來。

◀將植物栽種於較小的盆器中，可控制根系的伸長，或是也可以藉由摘取枝頭處，抑制其延伸。

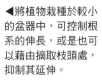

脫盆後的幼苗，需保持土壤乾燥？為什麼？

花草
樹木

要訣 **換盆後，讓土壤保持濕潤黏稠的狀態，於乾燥前不澆水，是讓根部發達的訣竅。**

幼苗在換盆時，很容易會導致根部斷掉或受損，因此**換盆後的第一件事，就是要讓受傷的根部早日復原，並使其順利地長出新根**。

常言「應待盆土表面乾燥後，再澆水」，換言之，即為「表土未乾前，切勿澆水」。因為在盆內的土壤尚未乾燥前仍持續澆水，根部便無法發達，易長成脆弱的植物，還會導致根部腐壞、枯萎等情形。保持土壤適度的乾燥，能誘發根部因需要水分而伸長，亦能長出新根，讓根群變得發達。當根系逐漸健全發展，就能讓地面上的枝條也開始成長，讓脫盆後的幼苗茂盛地生長。

此外，換盆後為了使根系能夠充分附著於土壤之中，並避免植物枯萎，應澆下大量的水直至盆底排出為止。而後應靜待盆土表面乾燥，直到表土顏色改變之前，都不能澆水。**換盆後，讓土壤保持濕潤黏稠的狀態，於乾燥前停止澆水，是讓根部發達的訣竅**。過了該時期後，便可視植物的生長情況適度地澆水，藉由這種方式，便可以促使新根循序漸進地長成。

總結上述，若幼苗脫盆後頻繁的澆水，讓土壤一直保持濕潤的狀態，根部便無法發達，所以**脫盆後，進行第一次的澆水後、土壤乾燥前，都應避免再度澆水**，才能促使新根發達。

如何讓幼苗的根部伸長

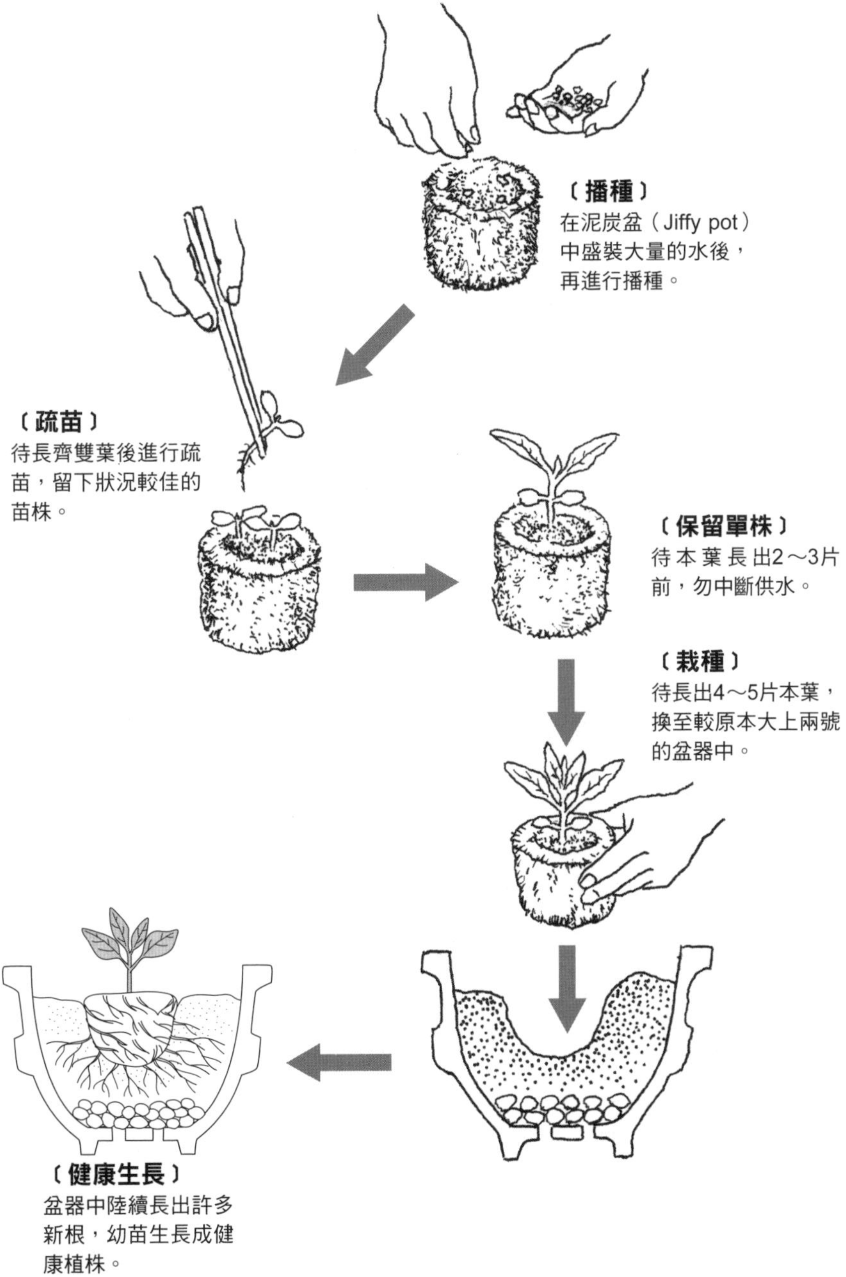
〔播種〕
在泥炭盆（Jiffy pot）中盛裝大量的水後，再進行播種。
〔疏苗〕
待長齊雙葉後進行疏苗，留下狀況較佳的苗株。
〔保留單株〕
待本葉長出2～3片前，勿中斷供水。
〔栽種〕
待長出4～5片本葉，換至較原本大上兩號的盆器中。
〔健康生長〕
盆器中陸續長出許多新根，幼苗生長成健康植株。

盆栽底盤不可積水？為什麼？

花草

樹木

要訣

底盤積水是導致植物枯死的原因之一，需定期將水倒除。

植物會從根部代謝出老廢物質，根部本身也會逐漸老化枯萎。植物進行光合作用時，所合成的部分產物，亦會由根部排出。

當上述物質排出至土壤水中後，就成為菌類的營養來源並進行繁殖，最後導致根系腐壞。盆栽底盤如果積水，也會成為菌類的棲息地，進而導致腐敗。

澆下的水會由盆底的孔洞排出，可以讓盆內的空氣和水分得以交替循環，若孔洞常有積水的情形，對盆內的環境會造成不良的影響。此外底盤的積水，在夏天高溫下，亦會導致植物受損或枯萎，應多加留意。

總結上述，需保持盆底孔洞暢通，並避免底盤發生積水的情形。

定期倒除底盤積水

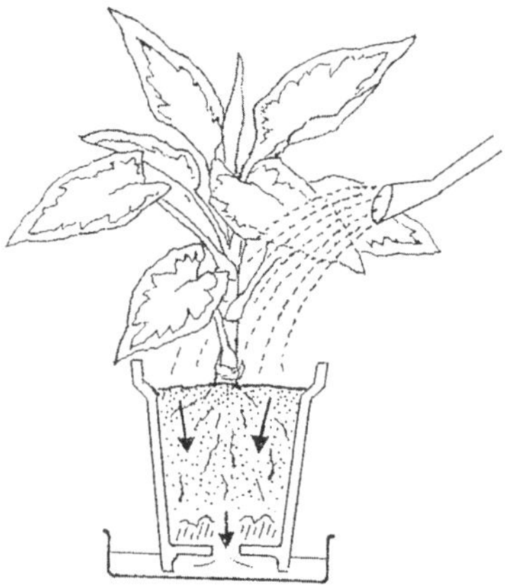

▲應定期將盆栽底盤的積水倒掉。土壤若經常保持在濕潤的狀態，根部便會難以呼吸，是造成根部腐壞的原因之一。

花草 樹木

盆底孔洞的大小，會影響植物的生長嗎？

要訣 **大多數的植物，適合栽種於盆底孔洞較大的盆器中。**

大部分的盆器底下都具有孔洞，以方便排出多餘的水分。盆器孔洞的規格大致相同，但並非單一尺寸，即使是相同材質的盆器，也有可能因為不同的製造商，設計出不同大小的孔洞。

盆底孔洞小，排水性較差；孔洞大，則可促進排水功能。當排水性佳時，每一次的澆水，都能讓空氣隨著水分的通過，進行交替循環，使根圈常保有新鮮的空氣。相對地，若盆底的孔洞較小，排水性較差，空氣的交替循環亦會隨之減低。

由上述可知，**盆底的孔洞除了會影響排水性之外，還會影響土壤中氧氣的供給與交換**。對於需要良好氧氣才能讓根群發達的植物而言，盆器的孔洞大小對於生長有極大的影響。大多數的植物其根部皆需要氧氣，建議栽種於孔洞較大的盆器。

盆器孔洞具有不同的大小

▲不同的盆器，底部孔洞的形狀亦有所不同。左方的盆器為塑膠製，右方則為次高溫素燒盆。盆器材質亦會影響孔洞的大小。

如何挑選出適合的盆器？

花草

樹木

要訣　依植物的性質，選出合適的盆器材質。

選擇盆器時，需優先考量植物的屬性與盆器的材質是否搭配合宜。**透水性、通氣性佳的素燒盆，是最適合做為栽種的盆器**，尤其是根部極需空氣的附生蘭科植物（附生於樹木或岩石等），又特別適合栽種於通氣性佳的素燒盆內，所以在栽培界中，素燒盆被公認為極為實用的盆器。

不過，生長於濕地或是需要大量水分的植物，如栽種於素燒盆中，便會發生過於乾燥的情形，所以這類的植物較適合栽種於盆壁較厚、具保水材質的盆器之中，例如以抗火石加工而成、盆壁較厚的抗火石盆或盆壁較厚的素燒盆，以及因汽化熱可達到冷卻效果的斷熱盆等。

此外，生長於涼爽地區的高山植物，務必要栽種於可耐夏日炎熱天氣的涼感盆器中，大多會選用斷熱盆及抗火石盆等等。夏日炎熱時期，也可以放入一日份的水量於盆盤中，此稱為「腰水栽培法」，是利用汽化熱的方式，降低盆內的溫度，讓植物可以舒適地撐過夏日高溫。

近年來，市面上出現的裂縫型盆器，雖然為塑膠製、盆壁不具通氣性，但其盆底的長縫型孔洞能帶來極佳的通氣性。另外，此盆器長長的裂縫，能讓土壤形成空氣層，當根系伸長至盆底，也不會發生盤繞的現象，而是會長出側根，充實根群的數量。裂縫型盆器能讓根部的生長更接近自然的狀態，有利於培養出茁壯的植物，以及增進開花數。

需要通風環境的附生蘭科植物

▲原生地為沖繩及東南亞等地區，附生於樹木及岩石生長的名護蘭。在素燒盆中放入水苔栽種。

不耐夏日酷暑及易缺水的植物

▲在盆盤中裝入一日蒸發的水量，再將整個盆栽浸入其中吸水，此為「腰水栽培法」。

溼地植物&不耐熱的植物

▲抗火石缽有許多微細的孔洞，不僅容易保水，且可以透過水分的蒸散，達到冷卻的效果。

各種植物適合的盆器材質

植物名	盆器種類
風蘭、名護蘭、石斛等附生蘭科植物	素燒盆
鷺草、鷺朱蘭等生長於溼地植物	抗火石盆、斷熱盆
大文字草、岩菸草等生長於岩地植物	抗火石盆、陶瓷盆
稚子百合、貝母Fritillary等百合類植物	陶瓷盆、素燒盆等深型盆器
仙客來、蕨類等	高溫燒盆、次高溫素燒盆等淺型盆器

Column

熱愛玫瑰的法國皇后——約瑟芬

想必玫瑰愛好者都認識約瑟芬這號代表性人物，她是法國拿破崙皇帝的皇后，非常喜愛玫瑰，當時收集的玫瑰數量多達二百五十種，皆收藏於馬梅森堡宮廷。

一七〇〇年末期到一八〇〇年初期之間，他延攬了許多園藝家、植物學者、植物畫家等各界專家翹楚，留下了當時的玫瑰圖鑑。當年所收藏的玫瑰種類及負責整理的職人們，讓日後的玫瑰有了重要的傳承與改變。

約瑟芬於一八一四年過世後，馬梅森堡宮廷裡的玫瑰職人們，便分別在法國境內各處，從事玫瑰育種與生產的工作。

在花卉的育種世界裡，常常可見如上述般，因一位極度熱愛者，締造出傳承世代的力量，這也意味著，在玫瑰的改良史中，約瑟芬擁有難以衡量的重要貢獻。

▲此畫作為《拿破崙一世與約瑟芬皇后加冕禮》，收藏於法國羅浮宮。

Chapter

7

病蟲害的防治

掌握病蟲害的成因，阻斷繁殖的可能，
便可及早發現、及早處理，
消除惱人的病蟲害問題。

植物常見的疾病有哪些？該如何預防？

花草
樹木

要訣 平日照顧時，需多加觀察，盡早發現、即時處理。

植物生病的原因可分為「受病原體感染」，及「環境變化導致的生理障礙」兩種情形。病原體又可大致分為三種，分別為真菌、細菌及病毒，以上三種皆是極為細小的生物，藉由在植物體內繁殖，引發各種不同的病害，具有傳染性。**為了阻撓微生物的繁殖，防治工作尤為重要。**

若是由環境變化所導致的疾病，可分為因養分過多或不足所造成的「營養障礙」，以及溫度變化所造成的「高溫、低溫障礙」。若發生營養障礙時，應將過多或不足的營養素調整至適當的量；若為溫度變化所導致，則應查詢該植物的種植適溫為何，並將之置於該溫度下管理，方能解決問題。因生理障礙所導致的疾病不具有傳染性，但會使植物變得脆弱，而易受到病菌感染。

一般居家種植最常發生的疾病中，以真菌所引起的病害最受大家關切。由真菌所引起的病害包含：白粉病、黑星病、銹病、霜霉病、灰黴病、疫病等等。當上述病徵嚴重時，會導致患部變形、腐敗、長出如同細毛般的菌絲、以及表面出現孢子粉末等。

在細菌性病害中常見的有：根部長出腫瘤塊狀的「根頭癌腫病」、原本健康的植株突然快速凋萎的

「青枯病」、基部呈爛泥狀且顏色變黑的「軟腐病」。發生上述狀況時，應小心地將患部摘除，並且避免掉落於庭院中，以防止感染擴散。

由病毒所引起的疾病會導致植物整體萎縮，出現生育障礙、葉子形成濃淡不一的斑紋、萎縮的葉面變成嵌紋狀等等。**植株一旦感染病毒，便無法恢復原本的狀態。**病毒之感染多半是由蚜蟲、薊馬為媒介，因為牠們會吸取葉子或莖的汁液，如能做好害蟲防治工作，即可避免遭受感染。

近年來還發現到比病毒還小的病原體——類病毒，類病毒會引起菊花矮化病等，該病原體亦會造成草木過度低矮、葉子出現黃色斑點等情形，通常在低溫時較不易發病，高溫環境下時病徵明顯。

不論上述何種疾病，如能於日常栽種時仔細觀察植物的變化，方能早日發現異常、即早應變處理。

植物常見疾病

真菌	赤星病、疫病、白粉病、黑星病、銹病、灰黴病、霜霉病等。
細菌	青枯病、根頭癌腫病、軟腐病等。
病毒	病毒病、嵌紋病等。
生理障礙造成的疾病	葉燒症、尻腐症、養分缺乏症（缺鐵、缺鈣）等。

植物為什麼會生病？有哪些原因？

花草

樹木

要訣

一旦庭園或農地中的自然生態崩壞，植物便容易感染疾病。

大自然生態系中，動植物維持著一定的平衡狀態，即使害蟲數量過度增加，但因有天敵壓制，亦不會造成植物過大的災害。然而農地和庭園是人類所製造出來的人工產物，無法形成自然界中的生態平衡，因此一旦特定的病蟲害或微生物入侵，原本的平衡狀態便會急遽瓦解，為植物帶來莫大的迫害。

植物生病的原因大部分是因為接觸到病原體，或是病原體直接攻擊植物所造成。植物和人類一樣，不夠茁壯、或是處於虛弱時便容易遭受感染。此外，若栽種於病原體容易入侵的環境中，也會使植物較易生病。

植物生病多半是由真菌所引起，真菌喜歡高溫多濕，若栽種於該環境下，就較易生病。一旦感染了真菌，必會開始擴散，最後蔓延至整個周圍的植物。真菌以空氣為傳播媒介，一旦發現，需立即將感染部位摘除清理，並改善通風狀況，避免擴大傳染。

病原體也有可能潛藏在泥土之中，經由飛濺傳播，或是病原體隨著雨水流動而感染植物。若於土壤的表面覆蓋稻草，即可避免雨水和泥土直接飛濺至植物體上，便可抑制疾病的散播。另外，園藝剪刀修剪過生病的植株，汁液上的病毒會附著於剪刀上，因此使用過的修剪工具需洗滌並消毒，避免造成感染。

不論是上述哪一種情況，判別感染原因後，需做好預防措施，避免擴散至周圍，如此便能真正地落實防止疾病的蔓延。此外，平時應隨時留意觀察植物的變化，一旦發現感染疾病，應及早處理、避免擴大。

病原菌的傳播方式

＊風力傳播

藉由風力搬運菌類的孢子或細菌，附著於植物體上。

＊土壤傳播

土壤或乾枯植物中的病原體，由植物的根毛部位入侵，或是土壤受外力、雨水飛濺而散播。

＊種子傳播

參雜到已感染病原體的種子，或將已感染病原體的種子直接播下。

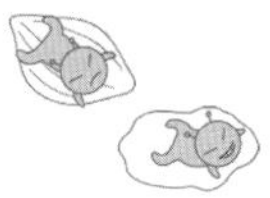

＊接觸傳播

將沾染到病原體的剪刀，繼續用來修剪其他健康的植物。

＊水分傳播

細菌透過河川、洪水、或是灌溉用水運送，附著於植物體上。

＊害蟲傳播

害蟲吸取已感染病毒的植物汁液後，繼續吸取其他健康植物的汁液所造成的感染。

疾病的感染途徑

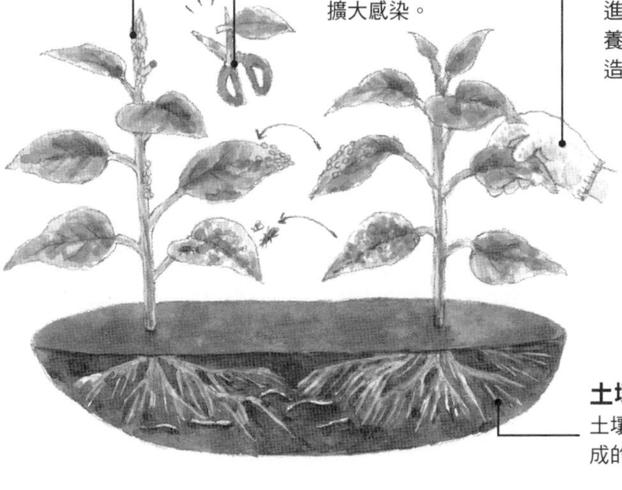
害蟲
害蟲在各植株間穿梭寄生，造成傳染。
修剪工具
直接使用沾染病毒的工具，造成擴大感染。
手
當手碰觸到感染的植株後，繼續進行其他植物的養護工作，便會造成傳染。
土壤
土壤中的線蟲所造成的感染。

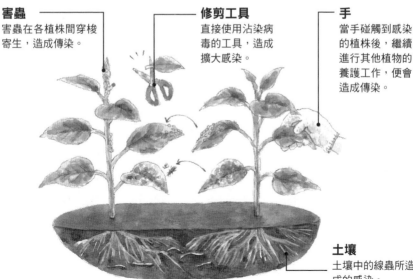

蟲害有哪些類別？該如何防治？

花草

樹木

要訣 **蟲害可以分為吸取汁液的「吸汁型害蟲」，及啃食整株植物的「嚙食型害蟲」。**

蟲害大致可分為兩大種類，一為吸取植物汁液的「吸汁型害蟲」；二為啃食植物的葉、莖、花、根等的「嚙食型害蟲」。

吸汁型害蟲包含葉蟎、蚜蟲、粉蝨、介殼蟲、薊馬、椿象等等，雖然體型小但繁殖力卻非常旺盛，一旦附著於植物體上，就會造成植物衰弱。嚙食型害蟲，主要是指昆蟲的幼蟲或成蟲，有青蟲、夜盜蟲、刺蛾、尺蠖、毒蛾、葉蜂等類的幼蟲，或天牛幼蟲、金龜子、象鼻蟲等等。此外，還有與蛞蝓寄生在植物根部的根瘤線蟲等害蟲。

若遭受上述的害蟲侵害，**有時候即便沒有親眼看到害蟲的蹤跡，但是透過植物的外觀變化，亦可察覺植物正受其所害**。如受蚜蟲和薊馬侵害的植物，可以清楚的觀察到在害蟲排泄物的週遭聚集了許多螞蟻，並可能導致黑煤病的發生；蜘蛛網，可能表示葉蟎經常出現；天牛幼蟲若入侵至樹木當中，接近地面的枝幹旁便會出現木屑。若能掌握植物受害蟲侵害的特徵，就可採取出正確的處置方式。

植物受到吸汁型害蟲的傷害

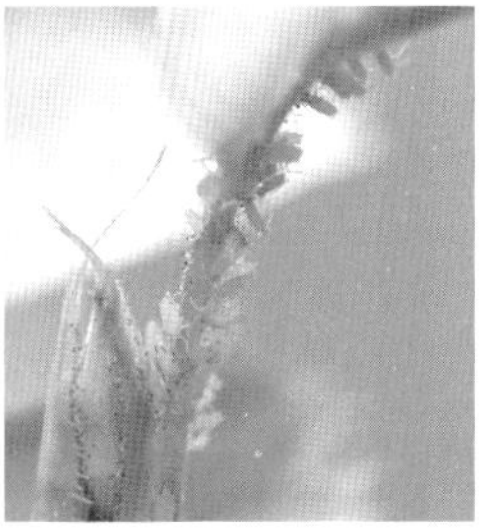

蚜蟲

介殼蟲

常見害蟲＆容易遭受感染的植物

吸汁型害蟲	
葉蟎	各種花草類，番茄、茄子等瓜果類，玫瑰，果樹。
蚜蟲	三色菫等各種花草類，玫瑰等花木、果樹類。
介殼蟲	黃瓜、茄子等瓜果類，各種花草類。
椿象	毛豆類。
薊馬	玫瑰等各種花木、庭木類。

囓食型害蟲	
青蟲	高麗菜等油菜科的各類蔬菜。
夜盜蟲	各類花草、蔬菜類，玫瑰等花木類。
刺蛾	庭園樹木類。
毒蛾	山茶花、櫻花等。
天牛幼蟲	楓屬植物、玫瑰等。

囓食型害蟲

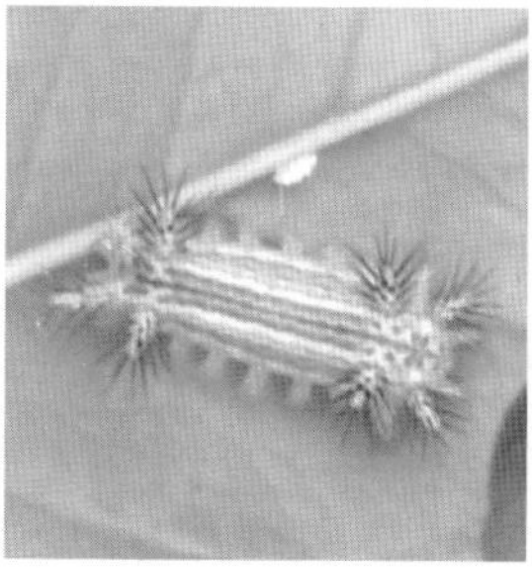
▲刺蛾

▲天牛幼蟲

▲夜盜蟲

發現蟲卵與害蟲時，該怎麼辦？

花草
樹木

要訣 一旦發現蟲卵或是幼蟲，應立即進行捕殺或噴灑農藥。

對付病蟲害的要訣在於「及早發現、及早處理」。若能在蟲卵一出現時就立即清除，即可完全避免災害。但蟲卵大多產於肉眼難以發覺之處，增加剷除的困難度。

蟲卵孵化後，很快地進入到幼蟲的階段，隨著害蟲的成長，對於莖葉的食害量便會日益增多。青蟲在幼蟲老齡階段，光若干隻的數量就可以在一夜之間將一顆高麗菜啃食滿洞。待幼蟲成長為成蟲，將會繁殖更多的蟲卵。像葉蟎這一類生命週期短暫的害蟲，可在一個月內反覆的進行世代交替，以異常的數量繁殖，當害蟲超過一定數量，災害就難以防止。

一旦發現蟲卵或是幼蟲時，應立即進行捕殺或噴灑農藥。平日應仔細觀察並留意植物的生長狀態，若發現葉子或是其他部分遭啃食，應立即摘除受侵害的葉子，並捕殺害蟲，將傷害程度降至最小。如能掌握植物易發生的害蟲問題，將能及早發現與預防。

害蟲的生長與捕捉

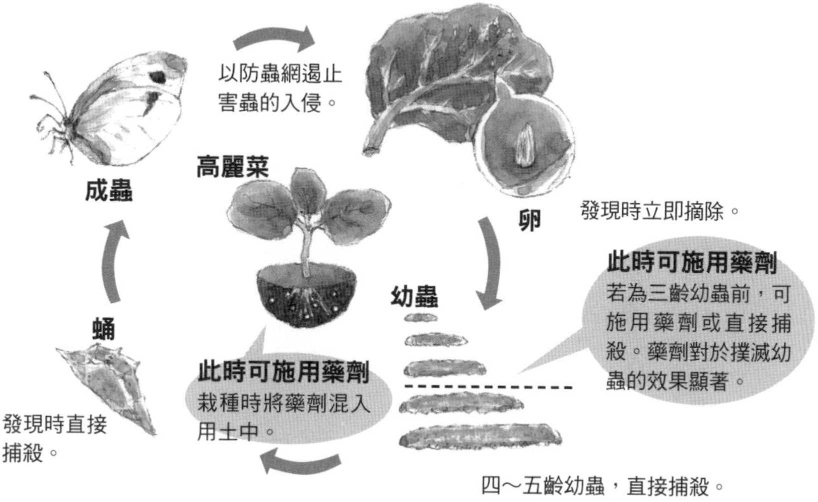
以防蟲網遏止
害蟲的入侵。
高麗菜
成蟲
卵
發現時立即摘除。
此時可施用藥劑
若為三齡幼蟲前，可
施用藥劑或直接捕
殺。藥劑對於撲滅幼
蟲的效果顯著。
幼蟲
蛹
此時可施用藥劑
栽種時將藥劑混入
用土中。
發現時直接
捕殺。
四～五齡幼蟲，直接捕殺。

重拾培育種子的樂趣

我在遊訪德國時發現了一件令我相當吃驚的事。在園藝店裡看到了各式各樣的種子袋，從多肉植物到盆景植物，店內販賣的種子不勝枚舉。回到日本後，我到了一家知名的園藝店，裡面販賣種子的空間相當狹窄，詢問店家後，才知道種子乏人問津，讓我為日本園藝的發展感到擔憂。

為什麼會變成這樣呢？仔細回想，應該是一九九〇年大阪花卉博覽會所帶來的影響。博覽會過後，花苗的生產與銷售量增加，大家習慣直接購入花苗培育，因而減少了種子的培育。

但是，園藝的起源是由一顆小小的種子成長為一株植物，不是應該將種子栽培的樂趣傳承下去嗎？

不同的植物要施用不同的農藥，為什麼？

花草

樹木

要訣 農藥對植物而言，效果各不同，因此相同的藥劑無法有效驅除同一種害蟲。

依據日本「農藥取締法」所登錄的農藥，每一種農藥皆有其適用的植物（作物），以及可有效驅除的病害蟲。不過，有些不適用的農藥會對植物產生藥害。

使用農藥時，只要依包裝所指示的稀釋倍率和正確的使用方法，一般而言，鮮少會對人類造成影響，可以放心使用。農藥標籤上不僅會記載適合的「作物名稱」，有時亦會以「蔬菜類」、「果樹類」等標示方式呈現。因此只要欲施灑的植物屬於該類別，便可使用。若施用於花卉上，可尋找「觀葉植物」或「樹木類」的農藥品項。

植物適用的指定農藥，皆經過實驗測試，分別由不同植物的葉、莖、花等，測試各器官構造表面對藥劑的滲透度。植物的特徵，可能含括在科（菊科、玫瑰科、蘭科）、或屬（薔薇屬、李屬）之中，而有所不同，因此即使使用相同的藥劑，仍會出現效果和藥害的差異。

農藥的包裝說明

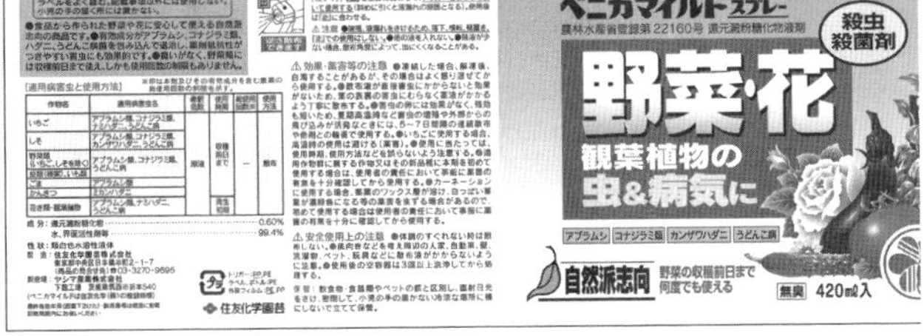

▲詳讀藥劑標籤說明，確認使用方式。

農藥可混合使用嗎？

要訣 有些農藥可混合，有些則不宜混合施用，請先閱讀標示說明。

欲混合農藥前，需先確認農藥是否皆適用於該植物，只要有一種農藥不適用，就不能混合。

一般而言，農藥的包裝標籤上皆有使用說明，清楚標示是否可與其他農藥混合，或是不適合與哪些農藥混合。**若施用了不適合混合的農藥，反而會對植物造成藥害的情形**，引發化學反應、導致沉澱，甚至可能引發新藥害的化合物。

其中，像是含鈣的藥劑（石灰波爾多液、石灰硫磺合劑等），由於鈣會和其他成分反應而產生沉澱，一旦出現沉澱，其藥效成分就會大為減低。

混合農藥前，應先仔細閱讀標示說明。

農藥的正確混合方式

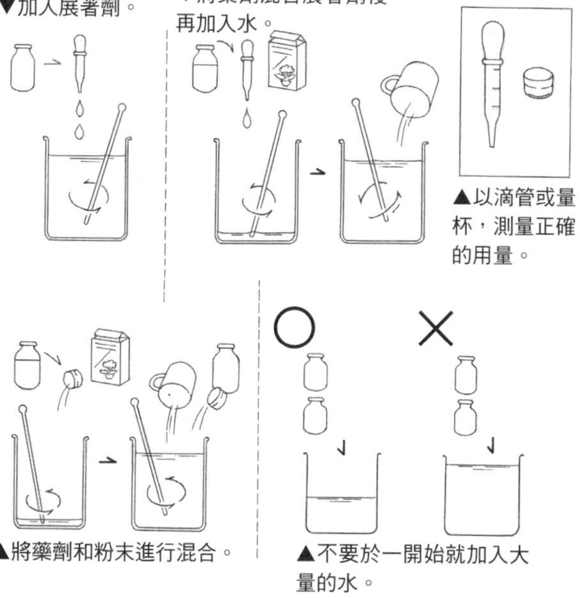

▼加入展著劑。

▼將藥劑混合展著劑後，再加入水。

▲以滴管或量杯，測量正確的用量。

▲將藥劑和粉末進行混合。

▲不要於一開始就加入大量的水。

中午不可施用藥劑，為什麼？

花草
樹木

要訣 **若於中午施用藥劑，會讓藥劑濃度變高而造成藥害。**

通常施用藥劑會選擇在清晨或傍晚進行，因這兩個時段的氣溫較低，農藥的濃度（稀釋倍率）不會因水分蒸發而變濃，可避免藥害的發生。

若於中午施用藥劑，由於日照強、氣溫高，農藥的濃度也會變得較高，對新發的嫩芽和新葉會造成藥害。尤其是於梅雨結束後、日照強烈的天氣下施用，亦會導致植物轉為如同枯槁般的褐色狀，反而變得不美觀。施用時應選擇適當的時間，並且勿造成近鄰的困擾。

再者，氣溫高時，植物的呼吸作用較為旺盛、細胞活性亦較高，施用同樣濃度的藥劑也會有過度吸收的效果。因此，需在氣溫較低的時間施用藥劑。

高濃度藥劑，會造成葉面燒傷

▲葉緣變成萎縮褐色，整體出現褐色的斑點。

下雨前施灑農藥，是否會影響藥效？

花草 樹木

要訣 即使在下雨前施灑農藥，仍具有一定的效果。

常常出現「才剛施灑藥劑，結果遇上一場雨，把原本植物上的農藥都沖刷走了」的情形。然而，下雨前才施灑的農藥是否真的都付之流水了呢？雨水並非是純淨的物質，當中包含了許多飄浮在空氣中的塵埃和微生物，而微生物亦有可能是病原體。此外，雨水會透過飛濺的方式，將土壤中的病原體帶到植物的葉背或莖部上。

施用藥劑後，農藥便會在葉子上形成一層葉膜，讓殺菌劑滲透其中，即使下雨，也能防止雨水夾帶病原體入侵。此外，泥土之中的病原體會因雨水飛濺至葉背處，可透過在葉背處施灑藥劑，將雨後病原體入侵的情形降至最低。由此可見，下雨前施灑藥劑並非毫無效用，不過即便如此，仍沒有必要每次下雨之前都先噴灑農藥，在此只是將其效果加以說明。

防止雨水沖濺泥土的方法

▲在土壤表面鋪以泥炭土或木屑。澆水時以手壓住水管，減緩水量，輕柔地將水澆入盆內。

如何有效的施灑藥劑？

要訣 **先找出植物受侵害的部位，鎖定目標後，再施以藥劑。**

施用藥劑前，應先仔細觀察植物的狀態，發覺被害的原因及判斷何種病蟲害，再對症下藥。若判斷錯誤，有時即使灑了藥劑，仍無法有效防治。此外，若為營養障礙或生理障礙的情形，施灑農藥也無法達到改善效果。**植物出現異狀，大部分是因為生病或病蟲害所導致，生病時應使用殺菌劑，若為害蟲則需使用殺蟲劑。**此外，市面上亦有販售針對生病與蟲害雙重效用的殺蟲殺菌劑。

施藥前，應仔細觀察植物的哪個部位受到侵害，鎖定目標，再將疾病或害蟲驅除。例如，露菌病是由葉背部位出現菌叢，因此藥劑應施灑於葉背處。若持續使用相同的農藥，害蟲可能會對農藥產生抗藥性，因此施用藥劑時，應備有數種農藥，輪流使用。**藥劑並非濃度越高越好，若病蟲害嚴重，施灑過濃的藥劑，反而會讓害蟲出現抗藥性**，因此施用農藥時，應依照規定比例稀釋再使用。

如能在病蟲害一發生，或是被害程度擴大前，找出病徵或發現幼蟲等等，及早施予藥劑，將可獲得最好的控制。尤其是蝴蝶與飛蛾的幼蟲，若至老齡體型變大時，光是一隻幼蟲就足以把花草或蔬菜啃食殆盡，因此若能越早處置效果越佳。此外，冬天之際若能確實地做好藥劑的施用工作，便可減輕春天的管理負擔。

花草 樹木

依照使用說明，確實施灑農藥

▲詳讀使用注意事項後，再進行噴灑工作。

▲葉子表面與葉背處皆應噴灑。

冬天進行施用藥劑，能有效驅除病蟲害

▲在冬天若能確實地做好施用藥劑工作，便可以減輕春天來臨後的工作負擔。

▲將害蟲的蛹與蟲卵摘除，降低春天之後的侵害程度。

農藥需交替使用，為什麼？

花草
樹木

要訣 輪流使用不同種類的藥劑，可避免產生抗藥性，達到更好的效果。

所有的生物都會逐步進化適應環境，因此若常常僅使用單一農藥，不僅藥效會逐漸消弱，可能還會造成更加強韌的病蟲害出現。若能在害蟲對特定農藥產生抗藥性前，改使用不同種類的農藥，便能成功阻遏病蟲繁殖產生抗藥性的下一代。因此應準備數種農藥交替使用，避免逐漸失效。即使為相同的殺菌劑，若A劑與B劑之間能夠間隔十日輪替使用，便不易產生抗藥性，其藥效得以彰顯。

農藥依照使用方式與防治效果，可分為以下幾種：❶接觸性殺蟲劑（讓害蟲接觸到藥劑，或碰觸到沾塗藥劑的莖葉）、❷浸透移行性殺蟲劑（事先將藥劑塗抹或施用於植物莖基部或植物上，使藥劑的有效成分移轉至整個植株，待害蟲食用便可見效）、❸食毒劑（害蟲食用已附著藥劑的莖葉）、❹誘殺劑（將害蟲喜歡的誘餌和殺蟲劑加以混合，以誘補方式使之食用）等類型。

殺菌劑大致可分為以下兩種：❶殺菌保護劑（為預防疾病，將藥劑施灑於植株上，可防止病原體侵入）、❷直接殺菌劑（將藥劑有效成分滲透至侵入植株中的病原體，對病菌產生作用）等類型。

使用農藥前，應先評估效果再施用。

藥劑的種類與特性

殺蟲劑	依作用方法可分為❶接觸性殺蟲劑、❷浸透移行性殺蟲劑、❸食毒劑、❹誘殺劑四種。

❶**接觸性殺蟲劑：**害蟲直接接觸到藥劑，或碰觸到散布藥劑的莖葉。
❷**浸透移行性殺蟲劑：**事先散布藥劑，由根或莖部吸收藥劑的有效成分後，移轉至整個植株，藉由害蟲吸取汁液或食用植物的方式驅除之。
❸**食毒劑：**害蟲食用已附著藥劑的莖葉。
❹**誘殺劑：**將害蟲喜歡的誘餌和殺蟲劑加以混合，以誘補方式使之食用。

殺菌劑	藉由阻礙病原菌細胞組成成分與酵素的合成，抑制其繁殖。可分為：❶保護劑、❷直接殺菌劑、❸浸透移行性殺菌劑。

❶**抗菌保護劑：**將藥劑散布覆蓋於植株上，防止病原體入侵。
❷**直接殺菌劑：**直接散布於有病原菌的莖葉上。
❸**浸透移行性殺菌劑：**雖無法滲透至整個植株，仍可阻礙病原菌的生長。
❹**抗菌劑：**利用菌的活性作用，抑制病原體的活動。

殺蟲殺菌劑	同時具有殺蟲與殺菌效果的藥劑。

藥劑稀釋參照表

藥劑可分為直接使用，以及加水稀釋使用。由於稀釋過的藥劑無法保存，應在使用前查詢水量比例，依規定調製濃度，避免造成浪費。

稀釋倍數一覽表

稀釋倍率	水量						
	500mℓ	1ℓ	2ℓ	3ℓ	4ℓ	5ℓ	10ℓ
100倍	5.0	10.0	20.0	30.0	40.0	50.0	100.0
250倍	2.0	4.0	8.0	12.0	16.0	20.0	40.0
500倍	1.0	2.0	4.0	6.0	8.0	10.0	20.0
1000倍	0.5	1.0	2.0	3.0	4.0	5.0	10.0
1500倍	0.3	0.7	1.3	2.0	2.7	3.3	6.7
2000倍	0.25	0.5	1.0	1.5	2.0	2.5	5.0

（單位＝乳劑ml，可濕性粉劑g）
舉例而言，若欲調製2L、稀釋1000倍的藥劑，應將2ml的乳劑或2g的水懸劑（可濕性粉劑）倒入2L的水中溶解。

什麼是共榮植物？共榮植物有什麼優點？

花草

樹木

要訣 **共榮植物就是適合種在一起的植物，可藉此減少病蟲害的入侵，更有助其生長。**

共榮植物（companion）從英文字面上來看，為「伴侶」或「同伴」之意，也就是在某些植物旁邊栽種其他不同種類的植物。藉由栽種不同的植物，不僅可以降低病蟲害的侵襲，還可藉此增加害蟲的天敵。

在大自然中，即是各式各樣的植物共存共榮，以群落的形式存在。共生植物便是以野生植物的生存方式為藍本，衍生而出的種植方式。

共生植物除了可以避免病蟲害的侵襲外，相互之間不會發生營養競爭、根圈競爭、以及光合競爭等特性。例如菠菜與蔥的共榮組合有助彼此生長，其原因如下：

❶共榮植物以關係較遠的雙子葉植物（菠菜）與單子葉植物（蔥）作為搭配，其根圈微生物全然不同的情況下，微生物的種類也會較為豐富。不僅各自根圈的微生物可以抑制土壤中的病害，由於菠菜的根扎得較深，蔥較淺，亦不會出現根圈競爭的情況。

❷菠菜適合硝酸類肥料，而蔥則適合氨肥，因此不會發生肥料競爭以及浪費等情形。

❸菠菜喜歡陰涼處，蔥喜歡日照處，因此不會出現光合競爭的情形。

❹菠菜的害蟲不喜歡蔥，蔥的害蟲亦不喜歡菠菜，可藉此避免害蟲接近。

至於禾本科的高粱除了可作為牧草以及綠肥外，亦可作為雜穀類作物，若種植於茄子周圍，南方小花蝽及草蛉的數量便會增加，這些植物可避免蚜蟲、葉蟎、薊馬等吸汁性害蟲接近。

此外，還有一種觀點是認為可利用植物的栽種，達到害蟲之「忌避效果」。例如原產於非洲，白花菜屬的醉蝶花及其同屬，可用來驅除家畜上的蜱蟲，因為其葉片含有乙腈等，對蜱蟲會散發毒性成分，大家有機會不妨可以摸摸看醉蝶花的葉子，它帶有一種難以言喻的異臭，這個臭味的主要成分便可對蜱蟲達到忌避效果。其他對害蟲可以產生忌避效果的植物還有薰衣草、薄荷、羅勒等草本類植物。

如同上述，共榮植物應避免彼此在環境條件上的競爭，才能達到互補作用。此外，**共生植物亦無須依賴農藥，可藉由天敵或是產生忌避效果的方式有效地防除害蟲。**

適合共榮栽培的植物組合

共生植物		效果
黃瓜、南瓜、西瓜、哈密瓜	& 蔥、大蒜、百合、蝦夷蔥	防止瓜科蔓割病、防害蟲。
番茄、茄子	& 蔥、大蒜、百合、蝦夷蔥	防止茄科立枯病、防害蟲。
草莓、菠菜	& 蔥、大蒜、洋蔥、蝦夷蔥	防止蛞蝓造成食害。
高麗菜、花椰菜	& 芹菜、辣椒、百里香、薄荷	防止毛蟲造成食害。
玫瑰、樹莓	& 大蒜	防止日本金龜子造成食害。
番茄、茄子、瓜類	& 萬壽菊	防止線蟲繁殖。
黃瓜、櫻桃蘿蔔	& 金蓮花	防止蚜蟲靠近。

去除葉片灰塵，可預防病蟲害？

花草
樹木

要訣 **去除葉片上的灰塵，可提高觀賞價值，也較不易出現病蟲害。**

觀葉植物最主要的價值在於觀賞其葉片，若葉面沾染灰塵，或莖枝上堆積了灰塵，便會大大降低觀賞價值，所以應定期除塵，經常保持潔淨的狀態，以增加觀賞性。

此外，灰塵中常常會帶有黴菌等病原體及其他微生物，葉蟎、薊馬的微小害蟲可能也會藏匿於灰塵中，因此清除灰塵可以防止病蟲害的發生。

若想要讓植株能夠蓬勃生長，並且保持健康狀態，應減少灰塵、保持美觀。

效法德國的種植變革

日本歷經福島核災，爾後，德國隨即發表「邁入不仰賴核電之社會」宣言，隨著該政策的推行，德國的花卉界中，亦積極地改變品種開發的方式，也促成了德國的玫瑰花國際會議。

透過參訪育種公司得知，現在德國正在進行的開發，是透過戶外栽培或無加溫栽培的方式，生產插花用的玫瑰品種。裝飾於該國際會議中的玫瑰都是圓瓣杯型花朵，其花瓣的內側可瞥見日曬的痕跡，即為戶外栽種之故。

由此可見，這樣的玫瑰在德國是廣被人民所接受的，這就是以愛護環境，邁向節能社會為目標的先進國家。對現在還拘泥於花形應為尖瓣高花蕊的日本而言，要獲得國民的理解並接受這樣的花形，我想應該還需要一段時日吧。

Chapter

8

常見的疑難雜症

植物無法順利生長，有時並非單一原因所造成，
探索核心關鍵，從根本開始改善，
才是真正的解決之道。

「一年生」、「多年生」植物，有何不同？

花草 樹木

要訣 生長周期在一年以內的為「一年生植物」，一年以上者為「多年生植物」。

種子在一年之內完成發芽、開花、結果、枯萎的生命周期，稱為「一年生植物」，這是種子為了要克服低溫嚴寒或高溫乾燥等環境的生存手段。相對於「一年生植物」，枯萎後留下地下莖或根，下一個生長季節又能再重新發芽生長的植物則稱為「多年生植物」，其中地下根肥大呈球狀者稱為「球根植物」，其它則屬於「宿根草本植物」。

除了上述的草本植物以外，有另一種在嚴酷環境中不會枯萎，在木質化後仍會持續生長的「木本植物」。分布在比溫帶地區更北邊的木本植物，嚴寒時會透過掉葉、長出休眠芽的休眠方式度過冬季。植物就是以這樣的方式適應其生長環境，從而形成其生活方式。

一年生植物起源於非洲、地中海沿岸以及西亞等乾燥地區。為了能在逐漸乾燥化的環境中生存，有些變成一年生草本植物，也有些進化成像鬱金香或水仙等有肥大地下莖（鱗莖）的球根植物。多年生植物中，草本植物與木本植物最大的不同在於二次成長的持續期間，意即草本植物成長到某種程度後，莖部就不會再肥大。木本植物會持續多年反覆開花、結果成大型植物，莖也會變得肥大；草本植物體型較小，其地上的部分會在開花結果後枯萎。

各類植物的生長周期

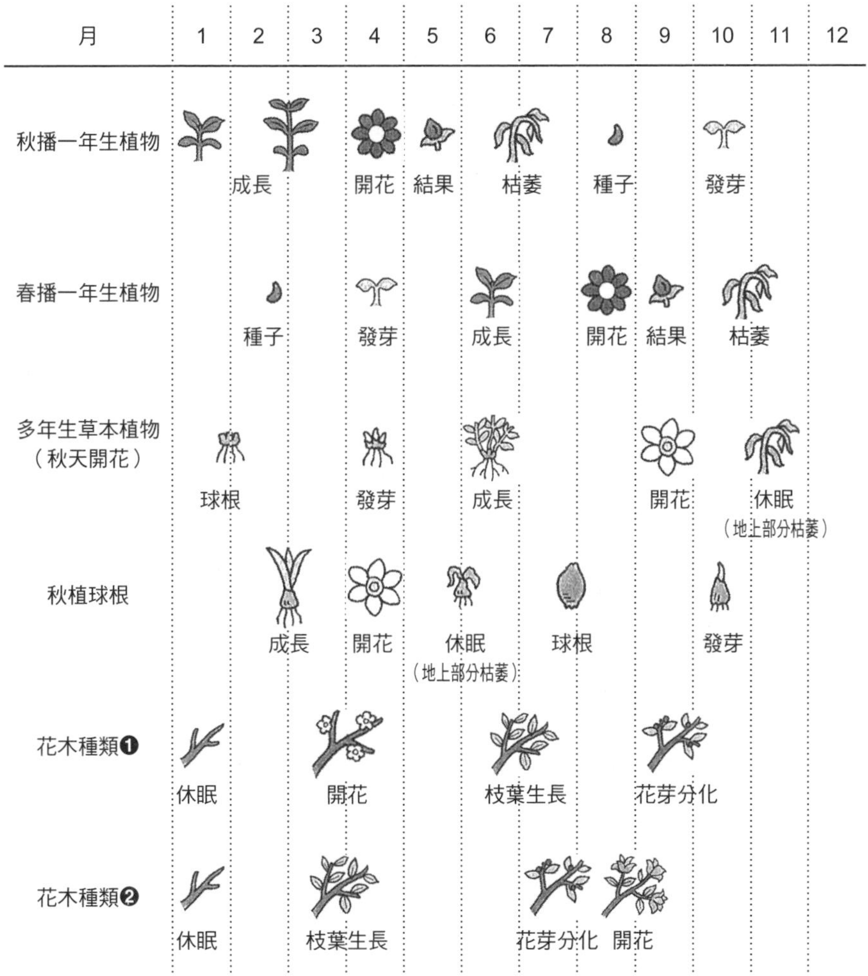
月
1 2 3 4 5 6 7 8 9 10 11 12
秋播一年生植物
成長
開花
結果
枯萎
種子
發芽
春播一年生植物
種子
發芽
成長
開花
結果
枯萎
多年生草本植物（秋天開花）
球根
發芽
成長
開花
休眠（地上部分枯萎）
秋植球根
成長
開花
休眠（地上部分枯萎）
球根
發芽
花木種類❶
休眠
開花
枝葉生長
花芽分化
花木種類❷
休眠
枝葉生長
花芽分化
開花

什麼是徒長？植物為什麼會徒長？

花草
樹木

要訣 **光線不足、給水過多，都可能造成植物徒長。**

植物不自然地持續生長，以至節間過長，脆弱的延伸便稱為「徒長」。**發現徒長時，首先應觀察是否為光線不足。**植物會朝著向陽處延伸，若光線不足，植物依然會不斷地往更高處延伸，最後導致徒長。其次的原因為供給過多的水分，由於植物縱向生長需要更多的水分，當澆水量多會使植物吸收過多的水分，導致徒長。

此外，植物矮化劑也會有所影響，但此原因往往連一般的園藝愛好者都難以辨識，尤其常見於開花盆栽或是迷你玫瑰等，呈現開花狀態的植物種苗。盆栽生產者為了讓商品能在市場賣出高價，常常會使用矮化劑來抑制植物的過度成長。矮化劑中所含的化合物，會妨害促進莖部成長的植物賀爾蒙——激勃素的生成，不過這種抑制生長的成分具有時效性，一旦失效，枝幹或莖又會回復原有的長度。

所以，**防止過度生長的方法就是「確保植物擁有適當的日曬」、「土壤乾燥後再給予適當水分」等，方能實現建全的栽培管理。**

肥料過量會導致生長失衡

▲吸收過度的氮
土壤中的氮含量過多時，根部會因吸收太多氮而軟弱徒長。

▲肥料過多
肥料過多時，枝葉會過於茂密，造成通風與日曬狀況變差。

如何照顧徒長的仙客來

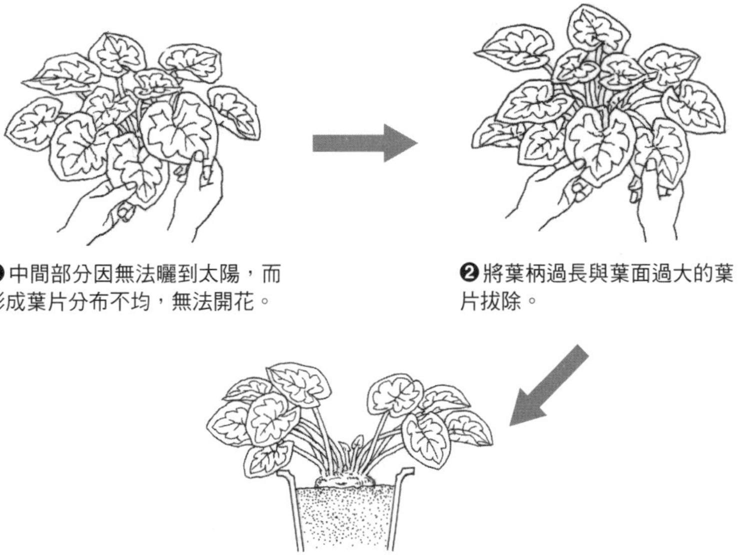

❶中間部分因無法曬到太陽，而形成葉片分布不均，無法開花。

❷將葉柄過長與葉面過大的葉片拔除。

❸拔除後，中間部分能獲得充分的日照及通風，因而能夠均衡地成長。

葉片為什麼變黃了？

要訣 缺水、病蟲害侵蝕、日照不足、肥料過剩或不足，都會影響葉片顏色。

花草 樹木

植物的葉片之所以會是綠色，是由於葉細胞中的葉綠體含有葉綠素，讓葉綠體可以進行光合作用，產出碳水化合物。葉綠素會吸收藍光與紅光進行光合作用，其他色譜的光則會穿透或反射，因而無法吸收利用。我們眼睛看見的物體顏色，是由穿透光或反射光進入眼球形成，所以葉子的顏色便是由藍和紅以外的光混合而成，以肉眼來看即是綠色。當葉子的綠色轉變為黃色時，可歸納為下述幾點原因：

❶**缺水**▼植物缺水時，會由露出地表的部分開始枯萎。一般而言，植物生長活性較強的部位，其養分與水分會較先流失，因此較老的葉子會先轉變為黃色。

❷**蟲害**▼是否看過葉子布滿小斑點，整片葉子變成黃白色的情形？若出現該情形，可翻看其葉背處，若發現許多微小黃綠色或暗紅色的小蟲，便是葉蟎。葉蟎以吸取植物的汁液維生，被吸取的部位會變為白色。其他以相同的方式侵害植物的還有軍配蟲的害蟲。

❸**病害**▼疾病若為炭疽病或病毒所引起的嵌紋病，葉子亦會出現斑點狀並轉黃。玫瑰常見的黑星病，其病症為葉子出現深黑褐色的斑點，最後轉為黃色並掉葉。

❹日照不足或過剩▼植物利用光能，從二氧化碳和水產出碳水化合物和氧氣。因此若日照不足，光合作用能力便會下降，導致葉綠體受到抑制，使葉綠素量減少，葉子就會變黃。相對地，適合日陰的觀葉植物，給予過度的強光照射，亦會導致葉子燒傷、顏色轉黃的情形。

❺肥料不足▼土壤中若存有許多氮素，葉色便能保持濃綠，如果氮素不足，葉子便會呈現黃色。此外，當組成葉綠素的鎂或與葉綠素形成息息相關的鐵等微量元素，若其量不足，亦會影響葉綠素減少，導致葉子變黃。

❻土壤pH值▼土壤的pH值若呈鹼性，植物便無法從中吸收鐵，一旦植物體內鐵量不足，便無法形成葉綠素，葉子因此會轉黃。

如同上述，造成葉片黃化的原因有很多，有些症狀相似，有些特徵又極為不同，應多加觀察留意。

吸取葉子汁液的軍配蟲

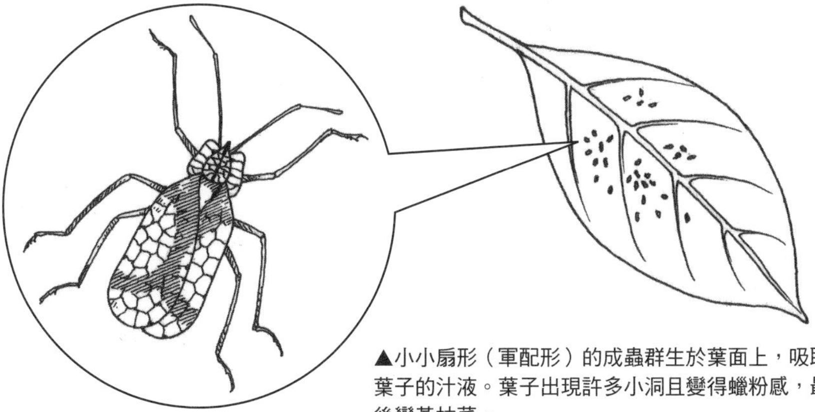

▲小小扇形（軍配形）的成蟲群生於葉面上，吸取葉子的汁液。葉子出現許多小洞且變得蠟粉感，最後變黃枯萎。

新品種為什麼不能自行繁殖？

花草
樹木

要訣 依據種苗法，凡有登記的植物品種，育種者以外的人，不得進行繁殖。

開發出新品種後，開發者可因植物前所未有的特徵，根據種苗法申請品種登記。雖然任何人皆可申請植物品種登記，但因申請時及登記後的每一年都必預繳納費用，所以應衡量登記後所帶來的收入，是否符合經濟效益再行登記。一旦登記後，登記該品種的人便擁有「品種權」，根據台灣法規，木本或藤本植物品種為二十五年，其他植物品種權為二十年。

品種權申請的費用，單一品種收取新台幣二千元，為了享有登錄後品種的相關權利保障，每一年還必須繼續繳納費用。第一至三年，每年新台幣六百元，之後每三年費用會以倍數增加，第四到六年，每年一千二百元，第七到九年，每年二千四百元。

為了兼顧研發與育種權利的保護，種苗法允許任何人可以未經權利人同意，以具品種權的品種進行試驗、雜交，研發過程如無侵權之虞，培育出來的品種也可以申請品種權，但如衍生的新品種與原始品種不具明顯的區別性時，原始品種的權利人，可以要求權利金補償。

「植物種苗法」的相關法規，可至「行政院農業委員會」網站查詢。

日本禁止自行繁殖的植物，目前花草類有五十三種、觀賞樹木則有十九種（二〇〇九年四月的統計），預估將來會擴及更多的種類。絕大部分的營養繁殖性植物皆無法自行繁殖，營養繁殖就是以扦插、嫁接、壓條等方法，利用植物的其中一部分來做為繁殖的方式。由此可見，以簡單的扦插法便可增其數量的植物，對其違法增殖有更為嚴格的限制。

因個人興趣所栽種，有別於農業或販賣為目的，不在管制範圍，**但是若將繁殖的產物讓渡給他人，便會侵害育種者權**。例如，在園藝的講習會上將已登錄的品種自行增殖後贈予他人，便可依種苗法懲處。

總結上述，即便是自行繁殖仍有許多相關的限制規定，此外，如為個人興趣，仍應避免將新品種以扦插的方式繁殖。

日本禁止繁殖的玫瑰品種

1 Pat Austin
直徑約10cm，花瓣內側為橘色，外側則呈現黃色，從中間開成如同杯子狀圓形的花。英國人David Austin 於1995年研發。

2 Gentle Hermione
直徑約10cm，會開出淡粉紅色杯子般的圓形花朵，且開花數多。英國人David Austin於2005年研發。

3 Blanche Cascade
直徑約3cm，會開出白色與粉紅色絨球形的花。法國人Georges Delbard於1999年研發。

植株很健康，卻無法開花，為什麼？

要訣 氮過剩、日照不足、低溫不足，都可能造成無法開花。

大家常常會覺得自己已經細心照料，但植物卻一直無法開花，其原因可歸結以下幾點：

❶年齡：所謂「桃栗三年、柿八年」。意即播種後發芽到開花為止，桃子和栗子需要三年的時間，柿子則要八年，即使細心的照料，待其後代存活下來（成熟後開花）最少也需要花到上述的時間。以專業用語來說，此情形在日本稱為「加齡」，即為年齡的增加。植物和人類一樣，有的人比較早熟、有的人看起來則比較晚熟，我們可以使用一些方法催促植物成熟期及早到來，例如嫁接繁殖可促進早日成熟開花，或是藉由施用矮化劑（控制植株高度的化學物質）於石楠花上，促使早日開花。

❷營養均衡：植物體內的養分均衡和「年齡」息息相關，我們常以C／N（碳氮比）來表示，分別代表的是碳（C）與氮（N），C／N值越高代表碳含量較多；越低則代表氮量較多。通常C／N值高時（碳多），有利於生殖生長（利於開花）；C／N比值低（氮多）時則有利於營養生長（利於莖葉茂密）。植株長大後開始施予氮肥，當不施用氮肥即可調整C／N比例，則可促進開花。若施用過多的氮肥，便會一直處於營養生長的狀態，無法開花。

❸日長：植物開花與否深受環境條件影響，其中日長又為開花的主要因素之一。菊花和聖誕紅等晝短開花的植物稱為「短日植物」；矮牽牛屬等晝長開花的植物則稱為「長日植物」。若將購入的聖誕紅放置於室內栽培，有時直至翌年，其苞葉可能仍未變色。放置於室內，因為晚睡緣故照明持續，會變成長日，短日植物反而會因此而無法變色。電照菊花是以夜間照明的方式來控制開花機制，意即夜間以電燈照明來控制菊花，使其延遲開花，進行產期的調節。

❹日照：由於開花需要許多能量，若光照不足，便無法充分地進行光合作用，甚至出現花苞無法綻放等情形。在實際的花卉生產地中，若為冬天日照少或是陰天多之處，常常會利用溫室高壓鈉燈等光源補足，以促進開花。

❺溫度：植物開花與否多半與溫度相關，低溫對開花的影響尤其重大，例如紫羅蘭若低溫週期少於一定時間，便無法開花。石斛蘭中的春石斛類亦是如此，低溫不足便無法開花。

如同上述，各個植物對於開花環境的條件需求不同，若條件無法滿足便無法開花，這就是為何植物很健康，卻無法開花的原因。

短日植物

▲聖誕紅

▲菊花

花蕾未開先掉落，是什麼原因？

花草
樹木

要訣 **花蕾掉落的原因可歸結為溫度、光、乾燥等條件不適所造成。**

一般而言，形成花蕾後便會開花，但仍有形成花蕾後卻未開花而直接掉落的情形發生，其原因可歸結為溫度、光、乾燥等影響。

若為溫度所導致，通常是因為溫度不足、或是急遽的溫度變化所造成的壓力。例如蘭花類的原生地為熱帶，多半於原生地的冬天乾燥期間開花，若栽種於日本，此緯度難以維持熱帶冬天般的溫度，即便放置於室內管理，因夜間和清晨的溫度過低，仍會有花蕾未開即掉落的情形發生。相反地，產於溫帶低溫的植物，若遇到高溫，也會發生花蕾未開先落的情形。這樣**急遽的溫度變化之下，會造成植物壓力，亦為花蕾未開掉落之原因**。

植物可藉由光合作用產生碳水化合物以製造能量，若光照不足，植物體內便無法蓄積養分。開花需要大量的能量，當作為能量來源的碳水化合物或糖分不足時，花蕾自然無法綻放而掉落。

植物由種子生長為幼苗，營養生長（莖葉生長）到生殖生長（開花結果）的過程中皆需要水分。花蕾到開花這段期間，植物體內會產生生理及型態上的巨大變化，若在該階段缺乏水分，便會形成壓力，造成一切停止運作，就會發生花朵未開先掉落的情形。

植物用語解說

植物名稱

- **多年生草本植物：**植株具有周而復始的生長週期，如宿根植物、球根植物、常綠植物等。
- **二年生草本植物：**從發芽到開花結果需花一年以上（兩年以內）的時間，一旦結果後便枯萎。即便春天播種發芽，其大小仍不會有太大的改變。大多的二年生植物必須過冬後，翌年的春至夏期間才會開始長大並開花。
- **四季開花植物：**在春天至秋天幾乎能反覆開花（有時冬天亦會開花）。
- **落葉樹：**秋天開始落葉，冬天無葉的樹木。
- **常綠樹：**葉片全年皆能保持綠意。
- **山野草：**自然生長於山野或原野的花草。近年來以播種、扦插等繁殖方式增加許多栽培種類。
- **短日植物：**日照長度短於一定的臨界值，才能開花的植物。
- **長日植物：**到了春天，隨著晝長而花芽分化開花的植物。
- **宿根植物：**其休眠期露出地面的部分會枯萎，但是土壤內的根、莖及芽等部位仍然保持生命，翌年可再萌發生長。為多年生草本植物的一種。

Chapter 1 優質土壤的選擇

- **苦土：**即為鎂，為葉子行光合作用所需之元素，缺乏時會導致葉色不佳。
- **苦土石灰：**內含苦土（鎂）的石灰資材，用以調整土壤pH酸鹼度之用。含鎂（苦土）及鈣（石灰），作為土壤調整至偏鹼之用。
- **團粒結構：**土壤的微小粒子各自分離不相結合的構造，能帶來良好的排水性及透氣性。黏土的細小粒子排水性不佳；砂質粗粒則不能保水。
- **土壤酸鹼值：**以pH表示。中性質為pH7，若小於此數值為酸性，大於此數值則為鹼性。
- **土壤改良：**在土壤混入物質，以調整為適合植物生長的狀況。常使用堆肥、腐葉土等進行土壤改良。
- **腐葉土：**為闊葉樹落葉堆積後，發酵熟成的有機肥料，可促進培養土的團粒化及通氣性。
- **天地翻：**上表層的土翻向底層，下層的土翻向上層。

Chapter 2 播種與種植的關鍵

● **學名：**將生物種類命以世界共通的名稱。以希臘語或拉丁語表記屬名及種名。

● **好光性種子：**需要光照才能發芽的種子，播種後不要覆蓋土壤或是覆以薄土即可，又稱為「光發芽植物」。

● **嫌光性種子：**種子不喜光照，接受光照後不易發芽。應於播種後以種子大小2～3倍的土壤覆蓋之。又稱為「暗發芽種子」。

● **子葉：**植物發芽後，第一片葉或第一對長出來的葉子。若為雙子葉植物，則又稱為雙葉。

● **本葉：**相對於種子最先長出的子葉（雙子葉），其後所長出的葉子稱為本葉，通常與子葉的形狀不同。

● **光合作用：**植物藉由光能，以水和二氧化碳為原料，合成糖及澱粉等。

● **春播：**於春天播種的栽培方式。

● **點播：**播種的方法之一。在一定的間距中，分別於各處播下數粒種子。

● **育種：**以交配或挑選的方式培育出新的品種，亦稱為品種改良。

● **育苗：**以播種、扦插或芽插等方式培育幼苗。

● **定植：**將育苗移種到固定的栽種地。

● **發芽適溫：**種子發芽的最適溫度。依植物種類不同而有所異。

● **遮光：**以紗網等工具遮擋陽光。栽種較不耐暑的植物時，應於盛夏時節予以遮光，以減少日照量。

● **紗網：**可用以調整光線量的網狀布，亦可用以禦寒。

● **半日陰：**太陽透過樹木間的空隙灑落下來，或是一日接受約3～4小時的日曬程度。

● **休眠：**在不適合生長的環境下，植物暫時停止生長。

● **休眠期：**植物於寒冷冬天或夏日酷暑等不適合生長的季節停止生長。休眠有多種形式，一年生草本植物為種子，宿根草本植物為宿根、球根植物為球根時期休眠，落葉樹則在樹葉掉落後，進入休眠狀態。

● **耐寒性植物：**可以忍耐寒冷。耐寒性植物可以忍受零度以下環境，即便冬天仍可栽種於室外。

● **非耐寒性植物：**不耐寒冷氣候，冬天無法放置於室外栽培。

● **耐暑性：**可以忍耐酷暑的強弱程度。

- **耐病性**：不容易生病的特性。
- **根腐**：由於根纏繞、過濕、高溫、低溫或肥料過多，所造成根部腐壞的情形。
- **藤架**：為木質格子狀的架子，讓爬牆虎、玫瑰等植物的藤蔓得以攀爬。
- **穴盤苗**：栽種於塑膠製孔穴狀盤器的小型幼苗。

Chapter 3 施肥與澆水的重點

- **植物生長三要素**：植物生長過程中，需要吸取主要三大要素，包括稱為葉肥的氮、助於開花結果的磷，以及根肥的鉀等三種營養素。
- **氮**：製造葉子所需的營養素，又稱為「葉肥」。若氮不足，葉子會過小、葉色不佳。元素符號為N。
- **鉀**：促進根莖茁壯，亦稱為「根肥」。元素符號為K。
- **磷**：為植物開花結果必須之營養素，又稱為「實肥」，若缺乏磷，開花及結果狀況就會不佳。元素符號為P。
- **有機質肥料**：油粕、骨粉、雞糞等動物性或植物性肥料，含有微量要素。
- **無機質肥料**：以化學三大要素及微量要素合成所製成的肥料。
- **化學肥料**：以化學工業所製成的肥料，含有氮、磷、鉀中兩種以上的成分。
- **速效性肥料**：施用後植物可以立即吸收，反應其效果，如液肥等。
- **緩效性肥料**：效果緩慢但可持續長時間的肥料，較不會傷及根部。
- **堆肥**：將稻草、樹皮等與家畜的糞便混合堆積發酵，可增加土壤的通氣性，並有利於肥料吸收持久。
- **樹皮堆肥**：將冷杉等樹皮搗碎使用，除可作為覆蓋栽培用途外，亦可作為促使發酵的用土及堆肥之材料使用。
- **完熟堆肥**：原料的有機物質完全分解並已成熟。
- **基肥**：栽種植物後第一次施用的肥料。
- **追肥**：播種或栽種後施用的肥料。
- **禮肥**：植物開花後，為了回復樹體營養、使其生長強健所施予的肥料。若為一年生草本植物則不須施用禮肥。
- **肥傷**：肥料施用過多，或是濃度過高所導致的生理障礙。

- **油粕**：將油菜籽、花生、大豆等油脂部分除去後所留下的殘渣。將其發酵補足氮氣後，可做為有機肥料使用。
- **草木灰**：草或樹木燃燒後殘留的灰燼物質，含有豐富的鉀，可作為有機肥料使用，帶有強烈的鹼性。
- **葉水**：澆水於葉面，可藉此洗去塵埃或葉蟎。主要為降低植物溫度及提高空氣濕度。
- **滯水空間**：種植於盆器時，預留土壤與盆緣的高度，讓澆下的水可以蓄積在盆緣往下2～3公分處。

Chapter 4 修剪與摘心的技巧

- **腋芽**：相對於生長於莖部前端的頂芽，腋芽是由葉片基部處長出的芽。
- **頂芽**：在莖軸頂端形成的芽。相對於腋芽而言，頂芽是較為活躍的生長點，對腋芽萌發產生抑制作用，此為頂芽優勢。若將頂芽摘除，能會刺激側芽生長。
- **葉芽**：生長後無法結為花苞的芽。由葉或莖端冒出的芽。
- **分枝**：腋芽發育後形成另一枝條。
- **花芽**：將來會開花的部分。枝條上的花芽繼續生長後，便會結為花苞，並綻放花朵。
- **花芽分化**：指植物形成花芽。依植物種類的不同，其分化條件與時期也有所不同。
- **摘心**：藉由摘除或修剪頂芽的方式，以促使腋芽生長側枝發育。
- **摘蕾**：藉由摘除過多花苞，防止養分分散的方式，讓日後花朵與果實能夠較為豐碩。
- **修剪**：藉由修剪枝條或藤蔓，促使枝條新長、改善通風及日照，並集中養分、促進開花量。
- **整枝**：為了修整樹型而進行修剪、摘心或摘取腋芽等調整樹木姿態的工作，並有利於通風及日照效果。
- **誘引**：以支柱或網子使莖、枝或藤蔓能攀附其上，作為固定整形。

Chapter 5 成功繁殖的訣竅

- **子房**：位於雌蕊下方略為膨脹之處。子房會發育成果實。
- **分株**：將長大後的多年生草本植物分成兩個以上的個體，為繁殖方法之一，亦具有防止植株老化之效果。

- **枝插**：將木本、草本植物的枝條插於土壤之中，促使發根及發芽，長成新的植株。
- **母株**：扦插時，剪取枝條的原株。
- **條播**：條狀播種，為播種的方法之一。劃出筆直的條狀淺溝，並沿著淺溝播入種子。適用於葉子大型的蔬菜或是一年生草本植物。
- **條間**：種子使用條播時，條狀淺溝之間的距離。
- **嫁接苗**：嫁接到比較茁壯的品種，或生長旺盛的品種作為砧木的樹苗。
- **發根劑**：進行扦插時，為了促進發根，塗抹於於插穗上的一種植物賀爾蒙劑。

Chapter 6 盆器種植的管理

- **素燒盆**：以700～800℃燒製的陶器，其材質多孔的特性，有利於排水及通氣。
- **根纏繞**：盆器內的枝根延伸相互盤繞，造成通氣性、排水性及養分的吸收能力下降。
- **輻射熱**：地面或牆壁受到陽光照射變熱後，所產生的放射熱。
- **播種箱**：以將來移植為前提，先將種子播於育種箱。

Chapter 7 病蟲害的防治

- **生理障礙**：因肥料、水分或日照不足等環境條件，所引起的生長障礙。
- **連作障礙**：在相同的地點重複栽種相同作物所引發生長不良等障礙。成因包括特定養分缺乏或過剩、成分蓄積引發中毒，以及病害蟲繁殖等情形。
- **忌地**：由於在相同地點栽種相同種類植物或同一系列植物，所造成生長不良的情形，又稱為「連作障礙」。特別是栽種蔬菜時，應多加留意。
- **共榮植物**：將兩種植物藉由栽種於鄰近處或混植等方式，達到互惠生長。
- **徒長**：莖或枝條過度細長延伸。其原因包括光量不足、密植、水分、含氮量過多或高溫等情形。
- **葉燒**：因日照強烈，導致葉子受傷、變為褐色等情形，並且無法恢復原狀。
- **展著劑**：增加殺蟲劑或殺菌劑與植物葉面的附著力，以提高功效。
- **保護劑**：修剪樹木較粗的枝條時，為防止腐敗菌的侵入，並保護切口所塗抹的藥劑。

My Life 生活樹
生活樹系列 026

園藝の趣味科學：

超過300張示範圖，第一次種植就成功的全方位養護栽種指南

園芸「コツ」の科学　植物栽培の「なぜ」がわかる

作　　者	上田善弘 Yoshihiro Ueda
譯　　者	游于萱
封面設計	IF OFFICE
內文排版	菩薩蠻數位文化有限公司
行銷企劃	黃安汝・蔡雨庭
出版一部總編輯	紀欣怡
出版發行	采實文化事業股份有限公司
業務發行	張世明・林踏欣・林坤蓉・王貞玉
國際版權	施維真・王盈潔
印務採購	曾玉霞
會計行政	李韶婉・許俽瑀・張婕莛
法律顧問	第一國際法律事務所　余淑杏律師
電子信箱	acme@acmebook.com.tw
采實官網	www.acmebook.com.tw
采實臉書	http://www.facebook.com/acmebook01
I S B N	978-986-5683-88-7
定　　價	330元
初版一刷	2016年1月
劃撥帳號	50148859
劃撥戶名	采實文化事業股份有限公司
	10457台北市中山區南京東路二段95號9樓
	電話：(02)2511-9798
	傳真：(02)2571-3298

國家圖書館出版品預行編目資料

園藝の趣味科學/ 上田善弘作；游于萱譯. -- 初版. -- 臺北市：采實文化, 民105.01　面；　公分. --（生活樹系列；26）
譯自：園芸「コツ」の科学：植物栽培の「なぜ」がわかる
ISBN　978-986-5683-88-7（平裝）
1.園藝學

435.11　　104026580